Adventure
can be
real
happiness

조선
선비

세계를
가다

조선
선비

세계를
가다

강문규

알비

더 큰 여행을 꿈꾸기 시작했다.

한 달간 떠났던 인도 여행이 나에게 '여행이란 이런 것'임을 깨닫게 해주었다. 더 큰 여행을 떠나야겠다는 마음을 깊이 품고 살아갔다. 인도 여행을 다녀온 뒤 4년의 세월이 흘렀을 때 '세계 일주'를 떠나기 위한 아프리카행 편도 티켓을 샀다. 그리고 여행의 끝을 어디로 정해야 할지 고민하다가 젊은 나이에 할 수 있는 흥미로운 일은 무엇이 있을까 생각했다.

두루마기 입고 갓을 쓰고 남극까지 가볼까?

맷 하딩 Matt Harding이라는 한 외국인이 전 세계를 돌며 춤을

추는 동영상을 찍어 화제가 된 일이 있었다. 동영상은 세계 일주를 꿈꾸는 사람뿐만 아니라 많은 대중에게 재미 이상의 충격을 주는 영상이었다. 함께 여행을 계획하던 친구와 그의 영상에 영감을 받아 우리가 할 수 있는 특별한 영상을 만들면 어떨까 생각했다.

여러 차례 만나 의논을 한 끝에 두루마기와 갓을 쓰고, 조선 선비가 세계 일주를 하는 영상을 만들자는 의견으로 정리하였다. 그리고 세계 일주의 마지막 목적지를 정했다. 가까운 일본이나 홍콩도 생각해 보았고, 지구 반대편 남미의 여러 나라도 생각해 보았다. 그러던 중 '남극은 어떨까?'라는 이야기를 나눴다. 말없이 가슴이 뛰기 시작했다.

항상 신나는 일들은 시작부터 심장이 콩닥거리며 단숨에 결정하게 된다. 그 순간 여행의 끝은 남극으로 결정되었다.

'남극'을 여행의 끝으로 정한 것은 그 자체로 무모함 가득한 장소일지 모르겠다. 그래도 되든 안 되든 이왕이면 더 멀고 아득한 곳으로 정하는 것이 좋지 않을까? '남극'이라는 여행의 끝을 정하고 나니 정말 아득히 먼 여행을 떠나게 되는 것이 새삼 실감 나기 시작했다.

세계 일주가 시작되었다.

마음먹고 준비한 기간이 꽤 길어서인지, 세계 일주 떠나기 전 마음은 담담했다. 길었던 준비 기간 탓에 설렘과 긴장감을 모두 소모해 버렸는지도 모르겠다. 내가 살던 곳을 1년씩이나 떠날 사람치고는 너무 평범하게 하루하루를 보냈다.

떠나야 느낄 것 같았다. 먼 땅에 두 발을 디뎌야 알 것 같았다.
그렇게, 너무나 아무렇지 않게 남극까지 1년간의 세계 일주가
시작되었다.

:

세계 일주를 끝내고도 몇 년이 지난 지금 생각해보니, 지나간
여행에서의 작고 사사로운 경험과 의미를 절대 작게만 생각할
수 없었다.

여행은 이미 나의 일상이 되었고, 생활이 되었다.

Contents

03

여행의 여백
앞으로도 지금처럼 여행하는 삶이다

나의 길을 갔으면 좋겠다。

시작의 용기

아부다비를 거친 비행기가 열 시간 정도를 더 날아 아프리카의 남쪽 끝나라 남
아프리카 공화국에 도착했다. 남아프리카 공화국에서도 가장 남단에 위치한
케이프타운, 이 낯선 땅에 오기까지 준비한 기간은 절대 짧지 않았다. 대학교 3
학년, 스물여섯의 나이, 상대적으로 늦은 나이임에도 휴학을 하고 1년간 돈을
벌었고, 다시 1년을 여행하기 위해 배낭을 메고 집을 나섰다. 그 사이에 긴 시
간 여행을 준비하며 많은 고민과 걱정이 앞섰던 것이 사실이다. 부모님과 주위
의 친구들 역시, 여행을 떠나는 나를 격하게 응원하면서도 걱정스러운 눈빛으
로 바라봐 주었다.

세계 일주의 랜드마크인 케이프타운에서 가까운 희망봉으로 첫 여행을 시작하
였다. 시내에서 렌터카를 빌려 희망봉으로 달렸다. 대서양인지, 태평양인지 모

HOPE
POINT
ENT
18° 28' 26" EAST
34° 21' 25" SOUTH
KAAP DIE GOEIE HO
DIE MEES SUIDWESTELIKE PUN
VAN DIE VASTELAND VAN AFR

를 바다가 옆으로 펼쳐져 있었고, 희망봉으로 향하는 길은 곧 구름이 낮게 내려앉은 고원지대로 접어들었다. 희망봉에 도착하니 바다에서 바로 가까이에 높은 언덕이 하나 솟아있고, 그곳에 작고 뭉툭한 느낌의 하얀 등대 하나가 있었다.

대서양과 인도양으로부터 거센 바닷바람이 몰아쳐 불었고, 그 힘은 언덕의 가파른 능선을 치고 사람들이 모여 있는 등대까지 올라왔다. 바람은 높은 언덕에도 한계를 느끼지 않고 더 강하게 위로 몰아쳤다.

자연의 거친 표현에도 희망봉에 모여든 사람들의 표정은 하나같이 행복해 보였다. 희망봉은 나에게도 그들에게도 여행자를 위한 희망의 이정표가 되어줄 것 같았다.

그다지 도전적이지도, 남들보다 특별한 것도 없는 나는 이번 여행을 위해 큰 용기를 냈다. 남들이 보면 자신감이 엄청나다거나 성공한 경험이 많은 사람인가 싶을 수도 있겠지만, 그 반대 성향의 사람이다. 가진 경험도 없고 잃을 것도 없는 나라서 더 쉽게 떠날 용기가 생겼다.

현실적으로도 나이에 비교해 이뤄놓은 것이 없다고 생각했다. 또래 친구들은 졸업을 준비하거나 직장에 나가 사회 초년생으로 살아가고 있을 시기였다. 각자가 중요하게 생각하는 가치 기준에 맞게 열심히 자신의 앞날과 미래를 위해 삶을 가꾸고 있었다. 취직은커녕 그 흔한 공모전, 대외활동 경험 한번 없었고, 학점도 3점대를 밑돌던 나였다. 그랬기에 손에 쥐고 잃지 않을 것도, 품에 감싸 넣고 뺏기지 않으려 노력할 특별한 것들도 없었다. 아무것도 잃을 것이 없는 용기를 가졌기에 더 홀연히 긴 여행의 길을 시작할 수 있었다.

AMSTERDAM
SYDNEY
JERUSALEM

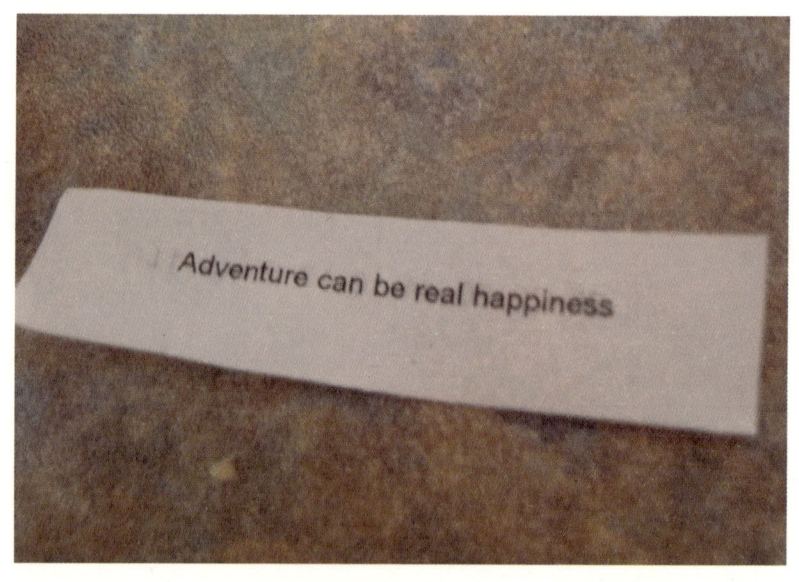
Adventure can be real happiness

모험이 진정한
행복이다

여행은 나를 변하게 하고, 스스로 어떤 사람인지를 알게 한다. 변화를 위한 신호는 내가 직접 찾아 만들어 가기도 하지만, 알 수 없는 곳에서 불현듯 나타나기도 한다.

하루는 예상하지 못한 곳에서 여행의 미래를 점쳐 보았다. 친구가 나에게 포춘 쿠기를 한 웅금 내밀었다. 여러 개의 포춘 쿠키 중 무심코 고른 하나. 포춘 쿠키 속 쪽지에 적힌 문구는 여행을 시작하던 나에게 미래를 암시하는 듯했다.

Adventure can be real happiness
(모험은 진정한 행복이 될 수 있다)
나에게 모험이 진정한 행복이 될 수 있을까?

세계 일주의 첫 대륙이 아프리카라는 걱정에 호신용 봉 하나를 챙겨 여행하였다. 언젠가 한 번쯤 위급한 일에 쓸 일이 생기지 않을까 생각했지만 그럴 일이 없길 기도할 뿐이었다.

남아공 프리토리아발 짐바브웨 불라와요행 버스. 해 질 무렵, 늦은 저녁 출발한 장거리 버스 이동은 더욱 긴장된다. 버스 내부 공기는 밖과 다르게 느껴졌다. 아프리카 사람들의 대화와 시선이 온통 나로 향하는 것처럼 느껴졌다. 어둡고 덜컹거리는 버스 안에서 들리는 자잘한 웅성거림에 신경은 계속 곤두서 있다.

버스가 잠시 정차한 시간, 어두운 바깥으로 옅은 빛의 간판이 서 있고, 잠깐 쉬

VICTORIA FALLS
BULAWAYO
MAXIMUM SPEED
80km/h WIDE TAR
60km/h OTHER ROADS
PRESS

EMERGENCY DOOR

어가는 휴게소인지 버스 안의 사람들이 모두 다 내렸다. 나도 나가서 쉬고 싶었지만 그럴 수 없었다. 왠지 버스가 나를 두고 떠날 것 같은 생각만 들었다. 일어섰다 앉기를 반복하다가 결국엔 고개를 앞자리 의자에 파묻는다. 나는 자신도 지켜야 하고, 짐도 지켜야 하고, 버스도 놓치면 안 된다는 생각뿐이었다.

버스에 혼자 남은 것으로 생각한 그때 누군가가 내 등을 톡톡 건드렸다. 머리부터 발끝까지 경계심 가득한 마음으로 뒤를 돌아보았다. 한 젊은 여자가 두꺼운 보자기로 무언가 움켜 안고 말을 걸었다. "너 잠깐만 내 아기 좀 봐줄 수 있겠니?" 그 여자는 두 팔을 내밀며 보자기로 안은 갓난아기를 나에게 건네듯 행동을 취했다. "오! 오케이!" 나도 모르게 승낙을 해버렸다.
너무나 어린 갓난아기라 온 신경을 아기에게 집중했다. 한참 동안 아기와 눈을 마주치고 울지 않도록 보살피며 돌아올 아기 엄마를 기다렸다.

사람들이 다시 좌석을 채우고, 아기엄마도 돌아왔다. 그리고 다시 버스가 출발하자 전에 있던 마음속에 불편한 어둠들이 사라진 것을 느꼈다. 자신에게 가장 소중한 아기를 낯선 이방인에게 부탁한 아기 엄마에게 감사했다. 나는 무슨 이유로 실체 없는 두려움을 갖고 경계를 했던 것일까. 내가 가졌던 쓸데없는 모든 의심이 창피해지기 시작했다. 그날 밤 아프리카 한 국경을 넘는 버스 안에서 나는 부끄러움에 눈물을 흘리고 말았다.

여행에는 장르도 있고, 테마도 있고, 콘셉트도 있다. 나의 여행은 친구와 배낭여행으로 '세계 일주'를 하는 것이다. 조선 선비가 한국에서 출발하여 전 세계 랜드마크를 돌고, 춤을 추며 남극까지 세계 일주를 한다는 콘셉트도 잡았다. 그리고 모든 것을 영상으로 찍어 편집하고 유튜브에 올리기 시작했다. 제목은 '조선 선비 세계로 가다(Seonbi goes to the world)'로 정했다.

이런 걸 왜 하느냐고? 재미있으니까! 어떤 큰 의미를 두고 하는 것도 아니고, 특별한 의무감을 느끼고 한 것도 아니다. 세계 일주를 시작했으니 긴 여행을 조금 더 즐기고 싶었다. '조선 선비 세계를 가다'라는 영상을 제작하여 대기업에 후원을 받는 더 좋은 길이 생긴다면, 세계 일주 전에 툭 하고 내뱉었던 남극까지의 여행을 해보자는 생각도 있었다.

그리고 훗날 이 여행을 아주 오랫동안 추억할 수 있게 해줄 것이라 믿었다. 대단한 준비와 계획도 아니었다. 간단한 복장(갓과 흰색 두루마기)으로 일종의 조선 선비의 코스튬 플레이를 하는 것이었다. 흰색 두루마기 하나를 몸에 걸치고, 넓고 둥근 챙의 검은 갓을 머리에 썼다.

두루마기를 입고 처음 다닌 곳은 빅토리아 폭포다. 이름 자체가 도시의 이름이기도 한 빅토리아 폭포 타운(Victoria Falls town). 빅토리아 폭포는 상상 이상의 장엄한 대자연이었다. 우기였던 터라 폭포의 위력이 대단했다. 폭포에서 낙하하는 엄청난 수량은 강바닥을 치고 산산이 부서지며 다시 공중으로 떠올랐다. 물은 수백 미터 상공까지 흩어져 작은 입자의 물보라를 소낙비처럼 흩뿌렸다. 폭포 입구에 도착하기 전에 일찌감치 갓과 두루마기를 비롯해 온몸은 젖어버렸다.

빅토리아 폭포에 입장하여 경치가 좋은 곳을 찾아다녔다. 폭포가 넓게 펼쳐져 내려다보이는 지점에서, 두루마기를 입고 갓을 쓰고 본격적으로 춤을 추기 시작했다. 낯선 조선 선비 복장을 하고, 낯선 장소를 돌아다니고 있는 내 모습을 누군가 바라본다 생각하니 색다른 쾌감이 들었다.
빅토리아 폭포의 풍경만으로도 감탄을 금치 못하였으나, 이곳에서 이런 행동을 한다는 것도 감동적이었다. 잠시 조선 선비가 된 나는 시끄러운 폭포 소리와 정신없이 내리는 물보라 속을 춤추고 걸으며 나만 알 수 있는 묘한 자유를 느꼈다.

번지점프를 하다

잠비아와 짐바브웨의 국경을 사이에 두고 잠베지강 위에는 긴 다리가 하나 있는데 두 나라를 잇는 이 지역의 중요한 길 중 하나이다. 다리의 정 중앙에 번지점프를 하는 곳이 있었다. 무려 111m 높이의 번지점프대다. 빅토리아 펄스 타운에 머물던 하루는 그곳에 번지점프를 하러 가게 되었다. 함께 여행하는 친구 K의 권유였다.

평생 내가 번지점프를 하게 될 것이라고 단 한 번도 생각하지 않았었다. 하지만 어느새 번지점프대 위에 모든 장비를 장착하고 나 홀로 서 있게 되었다. '그래 여기까지 왔는데 한번 시도해보자.' 곧이어 번지점프 스태프의 큰 목소리가 들렸다. "Hey keep looking to horizon! One, two, three bungee!" 그 소리를 듣고도 얼마나 번지점프대 끄트머리에서 주저하였는지 모르겠다. 두세 번을

머뭇거린 끝에 번지점프를 하였다.

어디에서 나온 용기일까. 여행하다 보면 전에 없던 내 모습에 놀랄 때가 있다. 길을 나선 것 자체가 이미 나로선 큰 모험의 시작이었다. 그리고 여정 중에 더 큰 모험들이 기다리고 있었다. 어쩌면 쓸데없는 행위라 여기며 내 영역에 가까이 두지 않으려던 모험들까지 여행하며 내 안에 담고 있었다. 111m 측량된 숫자로 새로운 내 용기의 크기를 마음 깊이 새겨 본다.

중국인 Jinpeng, 독일인 Willy와 Carsten, 한국인 나와 K, 다섯 남자가 카우치 서핑으로 한 집에 모였다. 서로 다른 국적에 나이도 제각각인 우리가 친구가 될 수 있을까. 국적, 나이, 성격, 취향까지 모두 다른 다섯 명이 함께한 시간, 수년을 알고 지낸 사이보다도 쉽게 가까워졌다.

모두가 자신이 지내온 곳들을 훌쩍 떠나 있었고, 살던 곳에서 멀리 떨어진 아프리카에서 만났기에 그리고 서로가 방랑자라는 사실을 잘 알기에 오늘 너와 나를 알고 기억하고 내일은 다시 서로를 떠나보낸다.

먼 훗날 만날 것을 약속하며 연락을 주고받거나 혹은 그 사실조차 아예 잊게 되더라도.

계속 여행하는 삶을 살기에

다시 마주치고

다시 또 친구가 될 것이다.

말라위 호수의 일몰

꼭 가봐야 할 여행지를 가보는 것도 좋지만 가끔은 나만의 여행지를 찾는 것 또한 즐거운 일이다. 말라위 호수가 펼쳐진 작은 시골 마을, 케이프 맥 클리어가 나에겐 그런 여행지다.

말라위 수도 릴롱궤에서 어렵게 찾아 들어간 케이프 맥클리어는 아프리카 도시들과는 다른 느낌의 시골 마을로 버스를 탔다가 다시 트럭으로 갈아타야 겨우 닿을 수 있는 마을이다. 마을 뒤 작은 언덕, 잡풀들이 간간이 있는 정돈 되지 않은 초원, 마을로 놓인 흙길, 옹기종기 모여 있는 전통 흙집, 마을 앞으로는 펼쳐진 넓은 호수 그리고 호수 안에 외딴 섬 몇 개, 케이프 맥클리어는 풍경만큼 조용하고 평화로운 곳이다.

배를 타고 작은 섬에 나가면 물에 비친 햇살이 투명하게 호수 바닥까지 비추는 맑은 호수다. 섬에서 스노클링를 하며 열대어를 보는 것 또한 흥미로웠다.

호수의 수평선 너머로 해가 지는 풍경은 세상에서 가장 아름다운 풍경이었다. 타 들어 간 듯한 붉은 태양이 하늘을 한번 쓸고 내려가 금세 온기를 다 잃은 보랏빛으로 수평선 근처를 물들이며 사라졌다. 이제는 새들의 놀이터가 되어버린 낡고 버려진 작은 배 한 척이 일몰 풍경에 정점을 찍는다.

아름답다는 것을 잘 알기에 그것을 누군가와 공유하고 싶기도, 또 나만의 비밀스러운 장소로 간직하고 싶기도 한 곳이다.

천국 보다 천국 같은

흔히들 천국 같은 여행지를 찾는다고 한다. 나는 아프리카에서 그 이상의 여행지를 찾았다. 능귀 해변의 고운 모래와 눈부신 백사장, 잔잔한 인도양의 풍경에 활짝 돛을 올려 한 줄 수를 놓는 작은 어선들, 간조 시간 넓게 자연이 일군 하얀 모래 해변에서 조개를 캐는 사람들.

해 질 녘 호스텔 앞, 고즈넉한 바다 위에 몸을 맡기고 시야에 들어오는 파란 하늘과 풍성한 구름을 바라보았다.
수면을 유영하는 건지, 하늘 위를 떠다니는 건지 알 수 없었다. 천국보다 더 천국 같은 여행지가 바로 이곳, 잔지바르다.

잔지바르 섬에서 사흘을 머물렀다. 머무는 동안 시각이 아쉬울 만큼 좋았다. 천국보다 더 천국 같은 섬이다.

SNORKELING
&
TOURS SITES

능귀 해변을 떠나 다시 육지로 나갈 배가 정박한 스톤 타운으로 이동하였다. 스톤 타운은 사람 사는 냄새가 짙게 나는 매력적인 동네였다. 저녁 시간이 되니 아름다운 바다 위 오렌지 빛 일몰이 펼쳐지고, 일몰을 배경으로 동네 아이들이 뛰어 놀고, 사람들이 야시장으로 먹거리를 찾아 나왔다.

일상적인 소소한 아름다움과 감상에 젖어 있다 보니 문득 그리운 것들이 떠올랐다. 20년 넘게 살아온 동네, 내가 놀던 놀이터, 내가 졸업한 학교, 지금도 골목 어딘가 거닐고 있을 친구들 그리고 내가 살던 집과 집에 계신 부모님. '나는 이렇게 내 시간을 오롯이 나를 위해 보내고 있는데'라는 중얼거림이 스치면서도, 한 편으로 함께 할 수 없다는 아쉬움과 미안함 때문에 생각의 방향이 더 이상 그쪽으로 가지 못했다.

지금 순간을 더 많이 기억하고 싶었다. 나중에 이 풍경을 설명해주고 이 시간을 나누며 행복을 함께 나누고 싶었다. 기억하고 싶은 찰나의 순간이 눈앞에 계속 흘러갔다.

야생의 질서
야생의 질서

자유를 찾는 여행자,
여행자는 야생의 세계로 자유를 찾아 떠났다.
그곳에 여행자가 생각하는 자유는 없었다.

야생으로의 여행은
완전한 자유를 얻기 위함이 아니라
야생에도 질서가 있음을 깨닫는 것이었다.

인생에 다시없을 도전이다. 나흘을 두 발로 걸어 아프리카의 정상에 올랐다.
등반이 시작되고 처음에는 약간의 두려움이 있었다. 등반 중에 고산병을 겪진
않을지, 정상에 오르지 못하고 중도에 포기하진 않을지. 포기하게 될 것 같으
면 아예 도전조차 하지 않는 것이 낫겠다는 생각도 했다.
살면서 무엇에 이리도 큰 의미를 부여하고 도전한 적이 있었나 생각해보았다.
걷는 중간에도 '포기하면 안 된다, 지면 안 된다, 힘들어하지 말자.' 순간순간
다가오는 두려움을 저 멀리 밀고 밀어내었다.

킬리만자로를 표현하기 위한 말은 이 말이 가장 적절하다. '산을 오르니 산 위
에 또 다른 산 하나가 더 있었다.' 1850m에서 5895m까지 고도에 따라 풍경도
함께 변해갔다. 정글에서 낮은 초목과 관목지대로. 관목지대에서 고원 사막지

대를 거쳐 만년설이 쌓여있는 빙하지대까지. 함께 걷는 가이드 웨마(Wema)와 보니(Boni) 그리고 동행 K를 의지하며 결국 킬리만자로의 정상, 5895m 우후루 픽에 올랐다. 이곳은 아프리카 대륙의 정상이기도 하다.

눈에 보이는 모든 세상이 말 그대로 모두 내 발아래 있었다. 아래 보이는 산 중턱부터 아득히 멀리 하늘과 맞닿은 경계선까지 구름이 펼쳐져 있다. 오르길 정말 잘했다는 생각이 절로 든다. 온 세상의 정상에 서 있는 기분이 들었다. 산의 높이만큼 스스로 어려운 도전에 성공했기에 더 그러했다. 절대 내가 해내지 못할 일이라 생각했던 것들을 하나씩 해내는 내 모습이 무척이나 대견스러웠다. 앞으로 세상에 어떤 일도 두렵지 않을 것 같았다. 이 모든 여행의 과정이 내겐 최고의 감동이자 가치였다.

조선 선비 세계를 가다

대지에 곧게 뻗은 길을 덜컹거리며 버스가 달리고 있다. 아프리카 대초원 지대를 벌써 아홉 시간을 넘어 열 시간 째 달리는 중이다. 좁은 버스로 하는 길고 힘든 이동은 언제나 혼자만의 생각을 많이 갖게 한다. 몸은 지치고 마음은 허하고, 그리운 것이 늘어나는 시기다.

귀에 꽂은 이어폰에서 나오는 음악들도 이미 수십 번을 돌려 들었다. 먼지 낀 차창 밖으로 보이는 풍경들도 그냥 풍경일 뿐이다. 다음 여행지에 대해 기대감도 이전과는 다르다. 처음 만난 사람들과의 인사도 새롭지 않다. 여행의 감동은 이전과 달리 그 반으로, 반의 반으로 줄어들고 있다. 세계 일주를 하며 이런 생각이 든 것은 처음이다.

석 달째 여행, 어느덧 장기 여행자로 접어든 내 모습을 솔직한 한마디로 표현
하자면 멋있다기보다 조금 불쌍해졌다. 여행 전 많은 책과 글에서 느꼈던 수많
은 여행가의 멋진 감상들은 내 겉과 속 어디에서도 찾을 수 없었다.
여행 대부분의 시간은 고생스러운 일들만 가득했다. 그리고 오늘은 또 어디서
잘지, 다음 끼니는 무엇으로 때울지 사사로운 고민의 연속이다. 이렇게 여행해
서 여섯 달이 지나고 일 년을 채우면 내가 얻는 것은 무엇일까.
여행에 대한 권태로운 생각이 많아지는 날이다.

여행 중에는 가족 또는 한국의 지인들과 연락을 거의 하지 못한다. 인터넷 카페를 찾으면 양해를 구해 랜선만 빌려 인터넷을 연결하고, 페이스북에 사진 몇 장에 한두 줄 설명으로 '나 이렇게 살아있어요.'라고 생존 보고를 한다. 그것이 내가 살던 곳과의 유일한 연락과 소통 수단이었다. 보름, 길면 2~3주씩 인터넷을 하지 못하다가 기회가 생기면, 한 시간이고 두 시간이고 천천히 사진을 업로드 시키다가 반나절을 보낸 적도 있다.

오래간만에 접속한 페이스북, 빨간 동그라미 안에 숫자가 떴다. 지난번 접속 때 올린 사진에 대한 '좋아요'와 댓글이 달렸다는 사인이었다. 눈에 띄는 이름 하나, 모든 사진마다 엄마의 '좋아요'와 댓글이 적혀 있었다. 대충 지나가다 본 사진에 아무 감정 없는 '좋아요'와 댓글이 아닌, 내가 느낀 감정을 마치 함께

느껴주는 듯한 댓글이었다. 여행 중인 아들을 향한 말을 생생한 대화체로 적어 놓았다. 사진 하나하나에 내가 미처 다하지 못한 표현들을 엄마의 언어로 적어 놓았다.

오랜 여행 중에도 연락 한번 제대로 하지 못하고 있지만, 사진 아래 주고받은 몇 줄 댓글로 엄마가 나를 생각하는 대견함과 걱정이 동시에 느껴졌다. 하지만 나는 더 이상의 적극적인 그리움과 애정 어린 표현은 어려웠다. 몇 자를 더 적었다 지우기를 반복하다가, 오늘 찍은 사진을 올리며 다음번 엄마와 인사할 시간을 기대해 본다. 며칠 뒤 페이스북에 남겨질 엄마의 언어를 기다려 본다.

낯선 땅에서 누군가와 함께 간다는 것은 중요한 의미다. 혼자 갈 때는 이 길이 정말 맞을까 혼란스럽다가도, 함께라면 그렇지 않은 경우가 많다. 물론 착각하고 있는 것일지도 모르겠다. 분명한 것은 혼자 하는 여행과 함께 하는 여행의 가장 큰 차이는 '질문'과 '심리적 확신'을 얻는 데 있었다.

므완자란 도시에서 탄자니아를 떠나 르완다로 가는 버스 티켓을 끊기 위해 티켓 오피스를 찾을 때였다. 길을 찾기 위한 지도가 없는 것은 물론이고, 이곳 사람들과 의사소통도 쉽게 되질 않았다. 나와 동행 K는 둘 다 처음 가는 길을 가면서 서로에게 물었다. '여기로 가면 나오겠지?', '응 맞을 거야' 친구도 모를 거란 것을 알지만 길을 찾는 내내 계속해서 같은 질문을 반복한다. 시간이 오래 걸렸지만 길을 헤매고 돌고 돌다 보니 정말 버스 티켓 오피스가 나타났다.

이런 경험은 여행에서 수도 없이 많이 겪는다. 길을 찾을 때 항상 나도 모르게 심리적 확신을 얻기 위해서 질문과 답을 하게 된다. 질문과 답을 주고받음으로 우리는 가던 길이 틀리더라도 혹은 최악의 상황을 겪더라도 서로를 비난하지 않게 된다. 그래서 언제나 새로운 길을 떠날 때면 서로에게 습관처럼 다시 묻게 된다.

인생에서도 누군가와 함께 한다면 새로운 길을 찾을 때 서로 묻고 떠나야 하는 것은 어떨까. 길을 잃고 헤매어 조금 늦게 도착해도. 떠난 곳으로부터 방향을 잃고 다른 곳에 가더라도. 괜찮다.

함께하는 길의 끝은 그리 나쁘지 않을 것이다.

아프리카 미소

어느 날부턴가 아프리카 현지인들이 나에게 말을 걸거나 친근감을 느끼고 미소 짓는 것이 느껴졌다. 아프리카인 특유의 유쾌함과 밝음이 가득한 미소였다. 여행을 한 지 석 달 쯤 지나니 그제야 마음에 여유가 생겨서인지, 현지인들의 미소가 잘 보이기 시작했다.

그들의 환한 미소는 상대의 얼굴에도 조금씩 미소가 번지게 한다. 나도 어느 순간부터 그들의 미소에 웃음으로 인사를 하기 시작했다.

미소로 인사를 주고받는 것은 분명 기분 좋은 행동이었다. 그리고 그 속에서 내가 여행에 긍정적으로 바뀌는 모습의 한 부분을 발견할 수 있었다.

나는 흔히 말하는 나일론 기독교 신자다. 지금은 그렇게 하지 못하지만, 모태 신앙이기에 학창시절까지 꾸준히 교회를 나갔다. 부모님은 예전이나 지금이나 독실한 신자다. 그런 부모님을 두어서인지, 하찮은 믿음이지만 낯선 여행지에서의 다급함에 일면식도 없는 선교사들에게 이메일을 보냈다. 내용을 요약하자면 '우린 세계 일주 중인 청년들이고, 여행 중 짧게나마 봉사하고 아프리카를 돕고 싶다.' 정도의 이야기다.

탄자니아를 떠나기 전 한 선교사에게서 메일의 답장이 왔다. 그 뒤로 몇 통의 메일을 주고받았다. 우리의 출신이 어딘지, 어떤 사람들인지 간단한 소개를 나누었고, 드디어 그곳으로부터 우리의 방문을 승낙하는 확답을 받게 되었다. 그곳은 우간다의 깊은 내륙이자 콩고 민주 공화국과 접경지역인 '골리'라는 시골 마을이었다.

골리로 향하는 날, 우간다의 수도 캄팔라에서 버스를 타고 9시간을 더 들어가자 정류장조차 없는 시골 마을이 나타났다. 버스에서 내리자 당황할 새 없이 마을 어귀에 사람들이 우릴 잡고 'Do you know sister Kim?'이라고 물었다. 처음 도착한 이때 왜 이들이 이런 질문을 우리에게 하는지 알 수 없었다. 간신히 현지 교통수단인 오토바이를 얻어 타 어렵게 골리를 찾아 들어가자 이메일을 주고받았던 이호영 선교사가 우릴 맞아주었다. 이때만 해도 선교사댁에서 한 달씩이나 신세를 지게 될 줄은 몰랐다. 선교사는 우리에게 골리라는 마을과 이곳 사람들에 대해 간단히 설명해주었다.

그리고 궁금했던 마을 사람들이 묻던 질문 'Do you know sister Kim?'에 대해 알게 되었다. 골리에는 한국인 선교사들이 몇 분 있었다. 그중 가장 연장자인 선교사가 한 분 있었는데 그분은 무려 27년 전에 40대의 나이로 이곳 우간다의 시골 골리로 들어와 지금까지 현지인의 건강과 보건을 책임지는 사역을 하고 있었다. 그분이 바로 우리가 현지인에게 질문을 통해 들었던 sister Kim 김정윤 선교사다.

김정윤 선교사는 현지인의 삶에 도움을 주는 길잡이기도 하였다. 보건 업무뿐만 아니라 교육적인 일에도 많은 힘을 썼다. 골리에 머무는 동안 현지인의 삶을 돌보는 김선교사의 일상을 곁에서 살펴볼 수 있었다. 누구나 도움이 필요하면 그분을 찾았다. 평소에도 마을 사람들이 친구를 만나듯 sister Kim을 찾아왔다. 왜 마을 어귀부터 아시아인을 보자마자 현지인들이 'Do you know sister Kim?'이라고 물었는지 이해가 되었다. 낯선 땅에서도 뜻있는 일을 하며 살아가는 한국인이 있는 것에 대해 여행자로서 새삼 고마움을 느꼈다.

우간다 골리에서 이호영 선교사는 나와 K를 한 달간 보살펴 주며, 봉사 활동을
하게 해주었다. 선교사는 우리에게 어느 날 질문을 하였다.

"나중에 한국에 가면 무슨 일을 하고 싶니?"
"지는 이전까지도 그렇고 지금도 여행이 너무 좋아서요. 앞으로도 여행하거나
계속 '여행'을 곁에 두고 살아가고 싶습니다."
나도 모르게 스스로 나온 대답에 놀랐다. 뜻밖의 대답이라고 느끼면서도 내가
할 수 있는 가장 당연하고 나다운 대답이었다.

이 시간 어디선가 내 또래의 친구들은 이미 오랫동안 준비한 취업을 위해 애쓰
고 있을 것이다. 동네 친구들 일부는 이미 많은 연봉을 받고 좋은 직장을 다니

고 있었다. 학교의 동기와 후배들은 최선을 다해 스펙이란 걸 쌓고 있다.

가끔 내가 여기서 무얼 하고 있나 싶을 때가 있다. 그럴 때면 다시 여행에 집중해 보기로 하고 주변을 살피면 당장 내가 걸을 만한 길들이 보였다. 다른 여행자들의 뒤를 따라가다 보면 누구나 갈 수 있는 좋은 여행지들을 만나게 된다.

가끔 누구도 가지 않는 골목으로 들어서 본다. 그 골목은 지름길일 수도 있고, 돌아가는 길일 수도 있고, 중간에 길이 끊겨 다시 되돌아와야 할 수도 있다. 그 끝을 알 수는 없지만, 남들과 다른 나의 길을 가보았기에 길 끝에 나만의 흥미로운 장소를 만났다.

여행처럼 나의 삶에서도 앞으로 무엇을 할지 모르겠지만 남들이 걷지 않았던 곳으로 천천히 가보았으면 좋겠다. 누가 뭐래도 나는 언제나 나의 길을 갔으면 좋겠다.

우간다의 시골 마을 골리는 TV로 보던 아프리카의 모습 그대로다. 사람들은 흙집을 짓고 살고, 때 묻은 옷 한 벌로 하루하루를 보내고 카사바를 말려서 빻은 가루를 다시 약간의 물과 반죽하여 만든 음식으로 하루하루 끼니를 때우며 산다. 아침이면 우물로 물을 길러 나가야 했고, 전기는 거의 들어오지 않는다. 가끔 멀리 도시에서 돈을 주고 사 온 기름으로 발전기를 돌릴 수 있다면 그나마 운이 좋은 편이다.

집 앞 나무에 모인 새들의 지저귐으로 하루가 시작되고, 낮에는 허름한 1층짜리 학교 건물 교실 안에 수십 명의 아이들이 모여 공부를 한다. 수업 시작과 끝을 알리는 종소리는 하루 시간이 가고 있음을 알게 해준다.

내가 머문 선교사의 집 뒤엔 작은 풀밭이 있었고, 그곳에 테이블을 펼쳐 놓고 한 달 내내 선교사의 권유로 성경책을 읽었다. 결국, 이곳을 떠날 땐 내 운명에도 없을 것 같던 성경 신약이라는 것을 통독하였다.

오후에는 선교사를 따라 동네 청년들을 만났다. 프란시스, 알도 등 우리와 친하게 지내는 청년들은 우리가 그들을 돕는 것 이상으로 많은 것을 느끼게 해주었다. 잠깐 들렀다 가는 이벤트성 봉사자들 보다, 일을 돕는 것이 서툰 우리가 그저 함께 시간을 보내는 것에 더 고맙다고 말해주었다.

여행 중임에도 그저 함께 있어 주는 것의 중요함을 깨닫는 시간이었다. 하루해가 뜨고 질 때까지 평화롭고 조용한 골리의 감사한 날이었다.

우간다에서 이집트로 가려면 에티오피아로 우회하여 북수단을 통해 가던지, 최근에 독립하여 신생국으로 등록된 남수단을 통해 올라가야 한다. 주변의 걱정과 커뮤니티에서 본 다양한 경고성 글들을 무시하고, 우리는 남쪽으로 향하는 육로 길을 택해 남수단으로 이동하였다.

우간다와 남수단 국경에 도착하는 순간부터 심리적 긴장감이 흘렀다. 주위에는 입국 심사를 빨리 받기 위한 행렬이 길게 늘어섰다. 시끄럽고 난장판인 거리에는 사람과 짐을 잔뜩 실은 트럭이 오가며 먼지 바람을 일으켰다. 출입국 신고 건물을 제외하고는 풀 한 포기, 꽃 한 송이 자라기 힘들 것처럼 보이는 황무지. 그 뒤로 이제 세워진 간판 하나가 서 있었다.

Republic of South Sudan

줄여서 R.o.S.S. 라고 한다.

눈앞의 황량한 풍경과는 달리, 이 나라의 이름을 줄여 부르면 '장미'다. 국가의 이름이 '장미'라니 이름만은 예뻤다. 독립 직후의 긴장과 설렘이 뒤섞여 복잡한 역사의 소용돌이를 지속하겠지만, 국가의 앞날은 황무지에 피어날 한 송이 '장미'와 같았으면 하는 생각이 들었다. 그리고 이곳에서의 우리의 앞날도 그러하길 기도했다.

나럭깜이가서
AM. 12:30 22. 07. 2011.

나는 위험을 무릎 쓰는 일을 그다지 좋아하진 않는다. 눈에 보이는 뻔한 일, 결말이 예상되는 희망 없어 보이는 일에 모험을 걸지 않는다. 한 번 더 생각해서 돌아가는 방법을 찾는 편이다.

이번 여행에시는 많은 일을 지관적으로 결정하게 되었다. 누가 봐도 쉽지 않은 선택을 결정하였고, 그 결정으로 나일강을 타고 2주간 천천히 올라가는 바지선을 얻어 타게 되었다. 바지선은 남수단 주바에서 북수단 카르툼 부근까지 나일강을 따라 흘러 올라가는 배다. 바지선 선장은 우리 같은 여행자들(사실 우릴 제외한 사람들은 이곳부터 유럽까지 목숨을 걸고 긴 여정을 떠나는 난민들이 대부분이었다.)에게 쌈짓돈을 털어 배 2층의 빈 화물칸과 3층 갑판에 몰아넣었다.

바지선은 출발 한지 한 시간도 못 되어 사고를 당하고 말았다. 수량이 부족한 건기의 나일강에는 한눈에 보아도 곳곳에 큼직한 바위들이 물 위로 드러나 있었다. '쾅'하는 소리와 함께 바위에 부딪힌 후 배는 무게 중심을 잃었다. 다시 중심을 잡는가 싶었지만 곧이어 선장도 당황한 나머지 어쩔 줄 몰라 하였다. 배 앞쪽으로 큰 구멍이 났는지 인부들이 모여 분주히 일을 해결하는 듯 보였다. 하지만 콸콸 쏟아져 들어오는 물에 비교해 턱없어 보이는 조그만 양수기 하나를 들고 서 너 명이 배에 난 구멍과 씨름하고 있었다. 선장은 속도를 죽이지 않고 배를 더 몰더니 강가의 뭍으로 배를 올려 버렸다.

바지선은 뭍에 박혀버린 상태로 나흘간 표류하였다. 그대로 갑판 위에 텐트를 치고 무념무상으로 하루하루를 버틸 수밖에 없었다. 오랜 기다림 끝에 같은 모양의 바지선이 도착해 배의 짐들과 사람을 옮겨 싣고 나서야 다음날 다시 주바로 돌아올 수 있었다.

5일간의 나일강 표류는 끝이 났지만, 돌아온 뒤에야 얼마나 큰일을 겪은 것인지 실감이 났다. 이러한 상황은 영화로만 접해보았지 실제로 벌어지리라 생각이나 했을까. 여행에서의 위험과 공포는 영화와 달리 BGM이 없었다. 순간에 들이닥친 힘든 상황은 오히려 무엇인가 시도할 생각조차 잃게 했다. 사건이 있는 뒤로 여기까지 무리 없이 여행해 온 것이 신기할 따름이라 곱씹으면서도, 의미 있는 도전과 무분별한 용기에 대한 고민의 시간을 가질 기회를 얻게 되었다.

다시 나일강을 찾았다. 어차피 한 번쯤은 배를 타고 이동할 운명이었나 보다.
북수단에서도 가장 북단의 황량한 사막 도시 와디할파, 이곳에서 나일강을 따
라 하룻밤 배를 타고 건너면 이집트 아스완에 도착한다. 배는 정기 여객선이었
기에 마음 놓고 타고 가기로 하였다. 배를 타기 위해 많은 아프리카인이 강 부
둣가에 모였다.

배에 탑승하여 넓은 객실에 들어서니 찜통 같은 내부에 수십 명의 사람이 꽉
들어차 있었다. 의자 옆 복도까지 앉거나 누운 사람들을 조심조심 피해가며 빈
자릴 찾아 앉았다. 들숨을 쉴 때 코끝을 타고 들어오는 선내의 공기가 무척 뜨
거웠고, 얼굴과 온몸은 이미 땀범벅이 되었다. 눈을 잠시 깜빡이는 동안 눈꺼
풀 사이에도 땀들이 송골송골 맺혔다.

밤새 나일강을 따라 이동하는 배의 객실 안에서는 온갖 다양한 표정의 인간 군상을 만날 수 있었다. 덥고 습한 밤을 버티며 보내야 하는 어려운 상황 속에서 그들의 표정은 그리 밝아 보이지 않았다. 이들은 왜 국경을 넘어 이집트로 가는 것일까 궁금하기도 하였다. 이들은 언제 끝날지 모르는 긴 여행 중일지도 모른다.

한 북수단인 친구는 카이로에 있는 동생을 만나러 가기 위해 카르툼에서부터 트럭을 얻어 타고 이동해 배를 탔다고 했다. 누군가는 에티오피아에서 넘어와 한두 푼 돈을 벌어 여러 개의 짐 가방을 들고 간다고 했다. 또 누군가는 더 먼 곳, 유럽의 어딘가로 망명을 위한 난민 여행자라고 했다.

평범한 배낭여행자들에 비해 나는 목적지를 향해 고생하며 천천히 여행한다 생각했는데, 이곳에서 만난 사람들은 그런 나보다 더 고된 여행을 하고 있었다. 실제로 흐르는 시간보다 더 느린 걸음을 걷고, 더 느리게 살아가고 있는 것 같았다. 서로 다른 의미의 목적을 갖는 여행이더라도, 나와 그들의 여행 모두가 목적까지 천천히 늦게 다다를지라도, 각자가 원하고 기도했던 바와 같이 뜻을 이루는 여행길이 되었으면 좋겠다.

동행자인 K의 어릴 적 죽마고우 Y가 새로운 세계 일주의 동행자로 이집트에서 합류하였다. 잘 알지 못하는 사이라 처음엔 불편하지 않을까 생각이 들었지만, 덕분에 다 낡아 버린 선비 갓을 새로이 공수받을 수 있었다.

그가 합류하며 지금까지 사진과 영상에 담던 조선 선비 역할을 나눠서 할 수 있게 되었다. 촬영을 주로 하던 K가 캠코더를 전담으로 맡고, 나와 Y 둘이 조선 선비를 번갈아 하기로 하였다. 첫 촬영의 기념비적인 장소는 아프리카 대륙 여행의 대단원을 막 내리는 시와의 사하라 사막이었다.

"아, 이거 너무 어색한데."
"나도 매번 입을 때마다 어색해."

여전히 어색한 두루마기를 입고 사람 하나 없는 사하라 사막에서 Y와 첫 촬영
을 하였다.
불가능할 것만 같았던 아프리카 종단을 끝내면서 맞이한 새로운 동료, 지금까
지 그래 왔듯이 새로운 장소와 새로운 사람, 새로운 경험은 여행하며 계속될
것이다.

여행의 인원이 둘에서 셋이 된다는 것은 적잖은 변화였다. 이 변화가 어떤 새
로움을 가져다줄지 궁금한 사하라 사막에서의 나날이었다.

전에 느껴보지 못한 곱디고운 모래였다. 손을 깊이 넣어 한 움큼 쥐어 올린 모래가 마디마디 좁은 틈으로 바람에 흩날려 버린다. 사륜구동차를 타고 달려 도착한 오아시스는 사막의 유목민처럼 잠깐의 물 구경에 지나지 않았다. 도시를 떠나 사하라를 운전한 지 오래되어 해는 저물었다.

어둠 속 사막 위를 달리고 달려 넓은 모래 터에 자리를 잡았다. 사막 한가운데서의 잠자리였다. 그야말로 사서하는 객지에서의 고생이다. 그런 사하라 사막의 풍찬노숙은 나에게 무지갯빛으로 기억되었다. 사막 한가운데 담요를 펼치고 누워 완벽한 어둠을 맞이하였다. 어둠 위로 쏟아질 뜻 떠오르는 수많은 별들을 이불 삼아 잠이 들었다.

얼마나 시간이 흘렀을까? 잠결에 뜬 실눈 사이로 약간의 빛이 느껴졌다. 떠오

르는 태양은 참 멀리서도 빛을 내뿜는다는 것을 알게 된 날이었다. 이윽고 분초가 다르게 변화하는 하늘의 빛깔. 어두운 지평선 위로 희미한 보라색 쪽빛이 바라보는 두 눈을 간질 하더니, 드넓은 사하라 사막 모래 위로 켜켜이 서로 다른 색의 빛들을 쌓아갔다. 시간이 지나자 하늘은 층층이 수평으로 무지갯빛을 만들어냈다. 덜 깬 잠을 이겨내면서까지 두 눈에 고이 담고, 오래도록 잡아 놓고 싶은 그림 같은 풍경이었다.

장기 여행을 하다 보면 보이지 않는 돌아갈 곳에 대한 걱정과 두려움이 불현듯 떠오르는 때가 있다. 집으로 돌아갈 그때쯤엔 보이지 않는 그 두려움 너머에서도, 사하라에서 보았던 멀리서부터 빛을 내뿜는 태양 같은 무언가가 보라색 쪽빛 한줄기 내 앞에 비춰 주었으면 좋겠다.

후각의 기억

길을 걷다 보니 5년 전 여행한 인도의 거리가 생각이 났다. 북적북적한 물건을 사고파는 사람들의 체취, 길거리 음식들의 향과 매캐한 매연 냄새가 뒤섞인 카이로의 어느 시장. 때론 이렇게 예기치 않은 후각적 자극으로 예전의 어떤 경험들이 기억으로 되살아나곤 한다.

후각으로 되살아난 기억은 눈으로 보거나 귀로 들어 저장된 기억과는 달리 더 강렬히 이어져 있었다. 5년 전 여행과 지금의 여행이 마치 연속되는 시간으로 이어진 듯 기억으로 만난다. 그 사이에 있었던 평범하고 보편적인 일상들은 현재로부터 물리적 시간으론 가까웠지만, 후각적 자극으로 되살아난 기억과의 관계에서는 오히려 희미하고 멀어지기 마련이다.

5년 전 인도를 여행하는 나와 지금에 카이로 밤거리를 걷고 있는 나는 후각의 기억으로 이어지고 있었다. 대부분 시간을 쉴 틈 없이 경험하는 만큼 소모적이었던 시각에 의존한 기억과 달리, 여행의 특별함을 가끔 그리고 오래도록 기억해 둘 수 있는 나만의 방법을 갖게 되었다.

이해에는 두 종류가 있다. 하나는 적극적이고 긍정적인 방향으로 내용과 의도를 분명히 깨닫는 '깊은 이해'를 말하고, 다른 하나는 소극적이고 사실 그대로만을 인식하는 정도의 '얕은 이해'를 말한다.

이슬람 국가를 여행하는 낯선 이방인에게 이 지역의 문화는 상상 이상의 완전히 다른 세계를 경험하게 해준다. 그중 라마단 기간은 가장 극단적인 문화적 경험에 위치한다. 시대와 관념, 역사적 배경에 따라 어느 곳에나 서로 다른 문화는 존재하기에, 이슬람 지역 여행을 통해 라마단을 어느 정도 이해하게 되었다. 물론 후자에 해당하는 의미의 이해였다.

세상에는 내가 생각하는 것과 다른 무수한 것들이 있다. 다름을 단번에 이해

한다는 것은 힘든 일이다. 다만, 그저 알아주는 정도의 이해를 하고 살아가는 것은 그리 어려운 일은 아니다. 서로의 완전한 다름을 이해한다고 말하고 넘어가는 것은, 진심으로 내게 필요한 변화의 긴 여정을 너무 모르고 하는 소리가 아닐까.

라마단 기간을 보내는 과정을 통해 나와 다른 것을 조금이라도 더 깊이 이해하려 한 것만으로도 낯선 이방인인 나에겐 뜻깊은 시간이었다.

아프리카 최남단 남아공 케이프타운 희망봉에서 북부 아프리카 이집트까지 4개월 반을 종단하였다. 길다면 길고 짧다면 짧은 여정에서 수도 없이 고생한 나에게 큰 선물을 하고 싶었다. 아프리카 여정의 마지막 여행지인 이집트에는 다합이라는 배낭여행의 성지가 있다. 스쿠버 다이빙 포인트로 유명하여 전 세계 다이버들과 배낭여행자들이 모여드는 장소다. 세계에 몇 안 되는 블루홀로도 잘 알려져 언젠가 그곳에 꼭 가봐야 한다고 생각해왔다.

다합에서 스쿠버 다이빙 자격증을 따는 것에 열흘의 시간을 할애하며 스스로 선물을 하였다. 그동안 아낀 여행경비를 이곳에 쏟아부었다. 장기 여행자라면 누구나 긴 여행에서 고생하면서, 예산을 어떻게든 아껴가며 여행한다. 아낀 비용을 한 곳에 쏟아붓기란 쉽지 않은 결정이었지만, 여행 중 나에게 주는 하나의 큰 선물이자 도전으로 삼기로 했다.

수영도 할 줄 모르는 나는, 물에 들어가는 공포심부터 이겨내기 위해 노력하였다. 물속에서 산소통을 메고 호흡하는 것조차 쉽지 않았던 처음과 달리 며칠간 자격증을 따기 위한 과정을 겪고 나니 물 위에 뜨긴 어려워도 물속에 머무는 것은 오히려 편안함을 느낄 수 있었다. 몇 번의 노력 끝에 적응하고 나니 수면 아래의 새로운 세상에 매력을 느끼기 시작했다. 공기를 통해 전해지는 소리와 물속에서 느껴지는 소리의 느낌은 많이 달랐고 물밖에서 수면을 내려다보는 것과 물속에서 수면 위를 보는 시각적 느낌도 확연히 달랐다. 물속에서의 새로운 경험들이 나에겐 하나하나 작은 감동으로 다가왔다.

자격증을 획득하기 전 마지막 다이빙은 다름 아닌 다합의 블루홀 다이빙이었
다. 수심을 알 수 없을 정도로 깊은 블루홀은 밖에서 보면 둥근 모양으로 완벽
한 짙은 파란색을 띠고 있다. 블루홀에서의 잠수는 어떨지 너무도 설레고 궁금
하였다. 이제 막 다이빙을 배워가는 초심자가 이런 곳에서 자격증을 따는 경험
을 한다는 것은 엄청난 행운이었다.

신기하게도 물속에는 물속 만의 길이 있었다. 블루홀로 들어가는 입구도 따로
있었다. 물속으로 들어가 다이빙 코치의 가이드로 길을 따라가니 넓고 파란 공
간이 나타났다. 블루홀이었다. 깊은 수심임에도 불구하고 빛과 공기가 흐르는
따듯하고 안락한 공간 같은 착각이 들었다. 비현실적인 파란 공간 위로는 수면
에서 팔과 다리를 파닥이는 사람들이 보였다. 그 사이로 투명한 바다를 투과해
들어오는 빛들이 너무나 인상적이었다. 나의 시선이 아래에서 위를 올려다보
는 것인지, 위에서 아래를 내려다보는 것인지 구분 할 수 없는 공간이었다.

30여 분의 짧은 경험이었지만, 물속에서의 시간이 끝이 아니었으면 좋겠다는
생각을 하였다. 블루홀 자체가 여행에 특별한 선물이 된 것임에 틀림없었다.
적절한 시기에 스스로 주는 선물은 언제나 나에게 필요한 좋은 격려와 동기부
여가 되어준다.

사하라 사막의 가장 서쪽 끝, 모로코는 북아프리카에서 가장 독특한 나라다. 지리적으론 아프리카 대륙이고, 이슬람 영향으로 국민의 대부분은 무슬림이며, 프랑스로부터 식민 지배를 받아 유럽식 문화가 적잖게 남아 있다.

모로코의 오랜 전통과 문화를 간직한 도시 페즈와 마라케시에는 메디나라는 올드시티가 있다. 메디나로 통하는 화려한 아라빅 문양의 문을 통과하면, 여행자들은 미로 같은 골목을 따라 시간을 거슬러 올드시티를 헤맨다.

좁은 골목을 가로막고 느긋하게 걷는 등짐을 가득 실은 나귀와 고달프지만 성스러운 금식으로 라마단 기간을 보내는 상인들의 모습. 전통 그대로의 염료와 염색방식을 고수한 직조제품들과 알라딘이 생각나는 요술 램프를 파는 가게들

이 오래된 도시로 여행자들을 조금씩 안내한다.

여행자들이 시간을 거슬러 돌아다녔던 올드시티는 그들에게 있어서 찬란했던
과거의 모습이자 현재를 살아가는 삶의 터전이고, 또한 그 자체로 오랫동안 짙
게 남을 미래의 모습일 것만 같다.

해가 저물고 다시 뜰 때까지.

시간을 나누다

세계를 여행하다 보면 많은 사람을 만나게 된다. 그중 가장 밀도 높게 사람들을 만나는 곳은 한인 여행자가 모이는 한인 민박이나 게스트 하우스다.
길 위를 각자 여행하다 만나고 모이게 되는 곳, 새로운 장소와 낯선 사람 그리고 낯선 이야기가 있지만, 시간을 함께 나누다 보면 여행을 떠나게 된 모든 이유를 이 안에서 찾을 수 있다.

여행자들은 밤이면 삼삼오오 모여서 오늘 있었던 일을 얘기하며 내일의 일정을 계획하고 함께 술자리를 갖기도 한다. 특별했던 자신의 여행기를 얘기하고, 남들과 다른 경험담을 꺼내어 돋보이고 싶어도 하지만, 무엇보다 지금의 시간을 함께하고 싶어 한다.

일면식도 없던 다양한 청춘이 만난 여행지에서 해가 저물고 어두워지고, 또다시 해가 뜰 때까지 밤을 지새우기도 한다. 인연이 되어 만난 사람들이 이야기를 나누고 식사를 나누며 시간을 나누는 곳, 그렇게 서로 만나고 떠나는 장소, 이곳은 길 위의 집이다.

유럽에서 열리는 축제에 처음 참여했다. 매년 8월 마지막 주 수요일, 스페인 부뇰에서는 '라 토마티나(La Tomatina)' 축제가 열린다. 전야제부터 기다린 사람에서 축제의 시작 전 막 도착한 여행자까지, 기대만큼이나 신나게 축제를 즐겼다. 수도 없이 많이 흘러드는 토마토를 마구 잡아 던진다.

축제가 끝나자 마을 사람들은 집마다 수돗물을 틀고 호스를 준비해 온통 토마토로 붉게 젖은 여행자들의 몸을 씻게 해주었다. 축제는 연애 같은 느낌이었다. 설렘과 기다림, 순간의 환희, 그리고 축제의 마무리!

라 토마티나(La Tomatina)는 즐거운 축제였다. 살다 보면 한 번쯤 다시 기억날만한 좋은 추억이 되었다.

세계 일주를 한 지 6개월에 접어드는 날, 처음으로 집이 그리운 순간이 왔다. 마침 한가위가 가까웠다. 추석이라 연락했단 핑계를 대며 집에 전화를 걸었다. 3개월 만에 듣는 목소리. 부모님과 몇 마디 인사만 나누고는 국제전화 통화료가 비싸다며 수화기를 내려놓았다.

아쉬움과 그리움도 함께 끊었다. 집이 그리운 순간, 비록 짧은 전화 한 통 이었지만, 그로 인해 다시금 힘을 내고 여행의 제자리를 찾을 수 있었다.

따로 또 같이 with G

바르셀로나에 머물며 게스트하우스 스태프로 일하던 중, 새로운 여행 친구 G 를 만났다. 나의 여행도 꽤 긴 시간이었지만, 이 친구 역시 프랑스의 리옹에서 몇 달을 살다 와서인지 제법 여행자티가 났다. 나, K, Y는 스태프 일을 그만두 고 바르셀로나를 떠나기로 한 날, G와 함께 남들이 가지 않았던 새로운 곳이 없을까 고민하였다.

각자 가보지 못한 다른 곳을 여행하기로 했다. 파리로 가겠다는 K와 Y, 나는 새로운 친구 G와 같이 여행을 하겠다고 마음을 먹었다. 따로 또 같이하는 여행 은 어떤 의미에서 세계 일주 중반에 새로운 자극이 되는 계기가 될 것으로 생 각했다.

다음날, 두 친구는 파리로 향하는 기차를 탔고, 나와 G는 비행기를 타고 베네

TODO ES POSIBLE
SOLO EL MIEDO MUERE
Esto
Esto también
Esto también
NUESTRA VIDA ES LA OBRA DE NUESTROS PENSAMIENTOS
Confucio
ASTORGA 6 Km

치아로 향했다.

파리로 간 두 친구는 열흘간 또 다른 한인 민박에서 스태프 일을 이어간 후, 독일로 넘어가 잠비아에서 만났던 독일인 친구를 만났다. 베네치아로 넘어온 나와 G는 히치하이크로 슬로베니아, 오스트리아를 거쳐 체코까지 넘어갔다.

우리의 여행은 유럽여행을 하는 사람들의 일반적인 코스였지만 새로운 여행이었다. 남들이 가보지 못한 새로운 곳을 가야만 여행이 새로워지는 것은 아니다. 누구나 가는 여행지도 새로운 사람과 새로운 방법으로 여행할 수 있다는 것, 그것이 바로 진짜 새로운 여행이다.

젊어서 꼭 한 번쯤 꿈꾸는 유럽 배낭여행, 수많은 청춘이 자신의 꿈을 이루기 위해 '인생의 한 번쯤은 유럽'이라며 이곳에 모여든다. 각자가 여행하는 그들의 모습이 참 빛나 보였다.

유럽의 낭만으로부터 시작된 빛나는 청춘들. 이곳에 왔다는 사실 만으로도, 이곳에서 만났던 사실 만으로도, 지나치는 인연 한 명, 한 명 앞으로의 이야기와 인생이 궁금해진다.

하루를 사는 것

하루하루가 낯설지만 평범한 일상의 연속이다. 하루 밥 세 끼 챙겨 먹는 것이 얼마나 큰 일과인지, 먹는 만큼 왜 이렇게 자주 일을 보는지 새삼 느낀다. 또 새 비누와 샴푸를 사고, 오늘 밤 누군가와 함께할 술과 고기를 사 들고 돌아오는 길이 얼마나 행복한지를 깨닫기도 한다.

무척이나 평범한 것들이 여행에선 행복감을 가져다준다. 하루를 사는 것에 대한 의미를 처음으로 깊게 생각해 본다. 대부분의 시간을 먹고 놀고 자는 데 시간을 보내더라도 하루가 보람 있고 뿌듯할 수 있었다. 열심히 할 것이 없음을 잘 알면서도, 매일 밤 잠이 들며 '내일은 더 열심히 살아야지'라는 각오를 했다.

NORDSEE
BILLA

갓 쓰고 두루마기 입는 것쯤이야 오래된 내 옷을 옷장에서 꺼내 입듯 편안해졌다. 한동안 K, Y와 떨어져 여행하니 입을 일이 없었던 선비 복장을 다시 입게 되었다. 카우치 서핑으로 나흘간 머물게 된 두샨의 집에서였다.

슬로베니아 서부의 소도시 톨민에서 차로 30분을 더 들어와야 하는 시골집이었다. 알프스의 작은 줄기인 율리안 알프스 아래에 터를 둔 자연 친화적인 곳이었다. 두샨의 집은 두샨의 어머니, 두샨 부부, 딸과 사위 그리고 손자까지 무려 4대가 함께 사는 대가족이었다. 마당이라 하기엔 다소 넓은 땅을 소유하고 있었는데 사과, 포도 등 과일과 채소를 기르고 집 뒤에서는 말을 기르며 승마를 했다.

집에서 멀지 않은 소차 계곡을 다녀온 하루는 두샨 부부가 저녁 식사를 대접하며 함께 시간을 보냈다. 식사를 마치고 갖게 된 티타임에 두샨은 이것저것 자신의 취미 생활을 늘어놓았다. 두샨은 특이한 악기 연주하는 것을 취미로 하였고, 오리엔탈 문화에 심취해서 '명상'과 '기' 등에 관해 관심이 많았다.

"너는 혹시 뭐 흥미로운 이야기 없니?"
"사실 한국 전통 옷을 입고 여행을 하고 있는데, 그 복장 한 번 보여줄게."

얼마간 꺼내 보지 않던 갓과 두루마기가 떠올랐다. 오랜만에 두루마기를 꺼내 입고 나타나 두샨 가족 앞에 보여주었다.

"오~ 뷰티풀~"
두샨 가족은 나의 조선 선비 복장을 아주 좋아하고 마음에 들어 했다. 조선 선비 복장을 하고 세계를 돌아다닌 지도 오래되어서인지, 마치 기분 좋은 날 꺼내 입던 내 옷같이 편안하고 익숙했다. 처음 조선 선비 복장을 하고 다니기 시작했던 목적과 다르게 이제는 그냥 이 옷을 한 번씩 꺼내 입고 싶어졌다.

짝

별 것 아닌 풍경임에도
온전히 모든 것이 담겨있는 듯하다.

옆에 누군가 함께 있다는 사실만으로도
세상은 한번 끝까지 살아갈 만한 것이다.

Summerau

오스트리아와 체코 사이의 국경 마을, 그곳의 작은 간이역에서 발목이 잡혔다.
기차들은 멈춰서 있고 해는 서쪽으로 뉘엿뉘엿 지고 있었다. 기분 좋은 미소를
띤 역장 아저씨는 우리에게 작은 대기실을 내주었다.
대기실은 언젠가 와 보았던 것 같은 추억과 낭만을 불러일으키는 장소였다. 기
타로 코드를 만들고, 가사를 써 노래를 지었다.

배낭여행, 이름 모를 간이역, 새로 지은 노래. 방랑하는 여행자에게 해당하는
럭셔리다. 세상에는 없을 가치를 오래도록 느꼈다.

히치하이킹

약간의 용기를 내어 길 위에 손을 뻗고,

낯선 길에서 낯선 이의 차를 얻어 타고,

처음 가는 곳의 주소가 적힌 메모를 손에 쥔 채

우리가 알지 못하는 세상으로 여행을 지속한다.

조선 선비 세계를 가다

슈트트가르트에서 K, Y를 다시 만나 여행에 합류하였다. 합류한 직후 우연히 도 G의 친구를 역에서 만났다. 넓은 세상에서, 그것도 유명 여행지가 아닌 독일 소도시에서 여행하는 친구를 만날 확률이 얼마나 될까. 같은 시간에 둘 다 역 근처에 와 있어 곧바로 만날 지점을 정해 만나게 되었다.

우연으로 시작된 인연이 함께하는 것, 그것이 여행의 묘미가 아닐까. 우리는 만나서 10분도 되지 않아 금세 친구가 되었고, 산티아고로 간다는 우리의 얘기에 그도 동의하여 여정을 함께 하게 되었다. 인력 보강이 필요한 것은 아니지만 동행하는 인원이 늘어나면 이상하게 힘이 나는 여행이었다. 세계 일주란 그런 여행이다. 처음 만난 지 얼마 되지 않더라도 마음이 맞는 사람이라면 기꺼이 여행을 함께 할 수 있었다.

슈트트가르트에서 그와의 유쾌한 동행이 시작되었다.

루브르 박물관을 방문하던 중 우연히 대중에게 잘 알려진 김 PD를 만났다. 나는 그분의 프로그램을 처음부터 챙겨보던 오랜 팬이었다. 평소에 좋아했던 인물이었기에 주위를 맴돌며 호기심 갖고 그를 바라보며 다가가 말을 걸었다.

"안녕하세요, 저기 김XX PD님이죠?"
"네, 맞습니다."

"너무 좋아하는 팬입니다! 저 사인 좀 부탁드려도 될까요?"
"저는 연예인 신분이 아닌 일반 직장인이기 때문에 사인 같은 것이 따로 있지 않습니다."

"아 그러시군요. 파리에는 여행 오셨어요?"

"네 여행하고, 일하러 겸사겸사, 어렵게 시간 내서 왔습니다. 어떻게 오셨어요?"

"저는 지금 1년간 세계 일주 중입니다."

"아하~ 대단하네요, 정말로 부럽습니다."

"그럼 PD님도 저랑 같이 세계 일주하시죠!"

"그럼 저기 밖에 계신 저희 부장님께 말씀 좀 해주시겠어요?"

"아…, 하하"

그렇게 어색한 농담으로 짧았던 대화를 마치게 되었다. 그날 숙소로 돌아와 한참을 생각해 보았다. 잠깐의 시간이었지만 그분에게 운영하던 여행 인터넷카페 주소를 적어드렸고, 페이스북 주소도 알려드렸다. 만들던 영상도 보도록 유튜브 주소도 남겨드렸다. '영상 보고 연락 오는 거 아니야?!' 라는 행복한 상상들을 곱씹으며 잠이 들었다.

세계 일주라는 긴 여행은 자존감을 높여주는 과정인 것과 동시에 때론 어떤 벽들에 가로막혀 자신을 작고 낮아지게 만드는 일이기도 하다. 하지만 오늘만큼은 내가 그토록 좋아하던 인물로부터 '대단하고, 부럽다'는 이야기를 들었다. 적어도 나에겐 너무 흥분되고 한편으론 위안이 되어주는 일이었다.

산티아고 데 콤포스텔라로 향하는 순례자의 길을 나섰다. 평범한 마을과 마을을 잇는 시골길로 보이는 길 위에, 언젠가 도달할 그곳을 향한 순례자의 걸음이 매일같이 이어진다.

각자가 품은 신앙이나, 신념이나, 순례의 의미는 다르겠지만, 산티아고 데 콤포스텔라의 대성당 앞까지 가자의 속도로 천천히 걸어간다. 목표를 향한 경쟁이나 레이스가 아니지만, 누군가는 30일, 35일, 40일 등 자신에게 적절한 기간을 정하여 걷고는 한다. 한 걸음, 한 걸음 언젠가 도착할 그곳을 향해 걷는다.

걷는 동안에는 고통과 아픔도 겪을 수 있고, 기쁨과 즐거움, 두려움과 슬픔 모두 함께하겠지만, 언젠가 도달할 곳을 위해 한 걸음 한 걸음 몸과 마음을 준비한다. 천천히 나의 속도로 그렇게 길을 가다 보면 어느덧 나 역시 순례자가 될

RONCEVAUX·ORREAG

것이다. 그리고 '언젠가'라며 오지 않을 날처럼 멀리 그려봤던 그 길의 끝을 결국엔 맞이할 수 있다.

세상에 많은 사람이 각자의 목표를 갖고 살아간다. 무엇 하나 쉽게 되지 않는 것을 깨닫고 알아가면서도 포기하지 않고 자신의 길을 간다. 그들 하나하나는 이따금 순례자가 된 것처럼 느껴진다. 목표를 이루기 위해, 노력하는 삶을 배우기 위해 순례자들의 발길이 끊이지 않는가 보다.

나, K, Y, S, G 어느새 동료는 다섯이 되어 함께 산티아고를 걷고 있었다. 산티
아고 사흘째, 나의 발에 문제가 생기기 시작했다. 발바닥에 잡힌 물집이 점점
커져서 오백 원짜리 동전 세 개 정도 크기만큼 커졌다. 게다가 물집이 터져 걸
을 때마다 물집의 빈 곳은 살점이 떨어진 듯 아려왔다.

첫날 40km, 둘째 날 42km 셋째 날도 35km 정도를 걸었다. 남자 다섯이 눈치
를 보며 경쟁하듯 걷다 보니 누구 하나 병이 날 것 같다고 생각했는데 그 주인
공이 내가 되다니 한심스러웠다.

샤워하면서 물집 터진 곳이 너무 아파 입을 크게 벌리고 소리 없이 비명을 질
렀다. 주먹으로 타일 벽을 치면서까지 고통을 참아 보려 했으나 이제 더 걷긴

We headin' For
South Pole !
Bring US to
South Pole!

글렀다는 생각이 들었다. 샤워를 마치고 슬리퍼 신은 한쪽 발을 조용히 끌며 도미토리로 들어가 침대에 누웠다. 침대 매트리스에 누워 등과 허리를 일자로 펴니 발뿐만 아니라 온몸이 쑤시고 힘이 들었다. 신경은 온통 물집 터뜨린 발바닥에 가 있었고, 밤이 지나고 해가 뜰 내일 아침이 두려웠다. 눈을 감은 채로 더 걸을 수 없다면 어떻게 해야 할지 대안을 생각해 보다가도, 포기하고 되돌아갈 창피함에 이를 악물고 나아지길 기도했다. '하나님, 내일 아침, 꼭 걸을 수 있게 해 주세요.' 끝까지 걱정을 머리맡에 올려두다가 어렵게 스르르 잠이 들었다.

아침, 쉽게 낫지 않을 것 같던 발병은 호전될 기미를 보였다. 가만히 있을 때는 아프던 발바닥이 신기하게 걸음을 시작하면 고통이 멎었다. 여행에서의 고생과 고통, 인내와 참음이 몸속에 체화된 것일까.
순례자의 길의 끝은 뛰어서 도달할 수 없는 도착지다. 누구와 순위를 다투는 달리기 경주가 아님을 알면서도 간과했음을 이번 계기를 통해 깨달았다. 알게 모르게 내 안에 숨겨진 욕심과 욕망을 알아차릴 수 있는 일이었다. 그리고 그 욕심과 욕망으로만 이룰 수 없는 것들이 세상에 많다는 것을 하루하루 알아가게 되었다.

바르셀로나에서 한 달을 넘게 지내면서도 스페인어를 거의 하지 못했다. 한인 민박에만 있느라 특별히 배우거나 쓸 기회도 없었다. 그런데 여행을 하다 보니 스페인어로 노래를 만들어 부르고 다닐 일이 생겼다.

'Amigo del Camino 아미고 델 까미노' 이 문장은 스페인말로 '길 위의 친구'라는 정도의 의미이다. 기타를 치는 S의 주도로 흥겨운 음과 코드를 만들어 이 문장 하나를 붙여 노래를 불렀다. 'Quetal? 어때요? / Bien 좋아 / Aqui 여기' 등등 이런 간단한 단어를 덧붙여 노래의 가사를 더 채워갔다. 산티아고로 가는 길에서 만나는 다양한 나라의 여행자들과 노래를 부르며 별다른 의사소통 없이도 우리는 함께 여행하는 친구들이 되었다.

노래 하나로 우리는 길 위에 만나는 사람마다 알아보는 꽤 유명한 'Coreano 꼬레아노' 들이 되어 있었다. 만나는 사람마다 우리를 'Amigo del Camino 아미고 델 까미노'라 부르며 순례자의 길이 끝나는 때까지 다섯 한국 남자를 칭하는 고유명사가 되었다. 친구(Amigo)가 함께하는 여행에 새로 배운 간단한 언어와 음악을 더하니 통하지 않는 길(Camino)이 없었다.

길고양이 한 마리가 우리를 쫓아왔다. 그만 따라오라고 손사래를 쳐도 어느새 우리 뒤에 바짝 붙어 있다. 떠돌이 길고양이 부르고스, 부르고스라는 도시의 알베르게(순례자의 길의 숙소) 부터 졸졸 쫓아와 고양이에게 '부르고스'라는 이름을 붙여주었다.

내가 걸으면 같이 걷고, 쉬면 옆에서 배낭에 몸을 비비며 함께 쉬었다. 수 km 를 걷다 문득 부르고스가 길의 끝까지 떨어지지 않고 같이 가면 어쩌지 하는 생각이 들었다. 귀여운 재롱을 예뻐하며 붙여준 이름을 불러보기도 전에 겁을 주며 쫓아내느라 악을 썼다. '부르고스! 저리 가! 그만 따라와!', '부르고스! 다시 돌아가!' 부르고스와 함께 한 시간은 고작 몇 시간이었지만, 그날 걸어 도착

한 다음 알베르게에서도 부르고스의 이야기를 하였다.

"부르고스 어떻게 됐으려나?"
"다시 잘 돌아갔겠지?"

누군가 함께 할 만남의 끝을 머릿속에 그려 본다면, 정을 붙이고 함께 지낸다는 것은 시작부터가 두려운 모험일지 모른다. 그럼에도 시간이 흘러 다시 그 시작과 또 다른 선택의 진행에 대한 궁금증을 돌이켜 상상해보면 사뭇 그 일의 결과가 궁금해지는 것은 어쩔 수 없는 것인가 보다.

머릿속에 그려져 있던
산티아고 순례자 길의 풍경은 한두 가지였는데,

며칠을 걸으며 둘러보니 이곳의 풍경은 수천, 수만 가지였다.

살아 보지 않은 인생을 잘 모르듯,
직접 떠나 걸어보지 않으면 알 수 없는 길이다.

산티아고 순례자의 길을 걷는 어느 날이었다. K의 무릎이 좋지 않아 보호대를 하고 걷는데 그마저도 쉽지 않은지 걷는 내내 통증을 참는 것이 보였다. 목적한 도시까진 가야 했기에 멈추지 않고 걸어보았다. 얼마나 참은 것인지 결국엔 자기 성질을 못 이겨 무릎 보호대와 바지 아래 춤을 손으로 찢으며 울분을 토하였다. 우리는 티를 내지는 않았지만, 순례자의 길을 걷는 모두가 힘이 들기는 마찬가지였다. 남은 우리의 앞길이 막막했다.

순례자의 길을 걸으며 극한 아픔을 참기도 하고, 고통을 이겨내려 노력하였다. 그리고 어느 순간부터 고통은 각자의 한계를 넘어서기 시작했다. 출발과 멈춤은 어려웠지만 걷는 동안은 모든 고통을 잊고 걸을 수 있게 되었다.
"으악! 감사하다!"

그러던 중 K는 고통을 참다못해 무엇이 애석하고 화가 났는지, 가던 길을 멈추고 무릎 보호대를 찢어버리며 갑자기 '감사하다'고 크게 외치는 것이었다. 그 말을 내뱉고 나니 고통을 참던 무엇인가 해소되는 느낌이라 하였다. 그 뒤로 나머지 넷도 똑같이 그 말을 따라 하기 시작하였다. "감사하다! 감사해!" 순례자의 길 걸음의 이유와 목적조차 정확하게 없었던 우리는 그렇게 힘든 고통을 이겨가며 감사한 순간을 느끼는 여행을 하게 되었다. 신기하게도 힘든 날들이 계속되니 그것은 일상이 되었고, 그런 일상이 계속되니 아무것도 아닌 일에도 감사하게 되었다.

순례자의 길이 거의 끝나가는 시점에 낙서가 잔뜩 적힌 벽돌들을 발견하였다. 한 친구가 그곳에 글을 적기 시작했다. "Y, M, K, G, S 감사 로드" 감사한 인연들과의 감사한 순례길. 고통과 아픔만 있는 걸음으로 길이 끝나버리면 길은 힘들었던 길로 기억된다. 하지만 그 속에서 감사함을 찾아 우리는 결국 '감사 로드'를 만들어 낸 것이 아닌가 생각한다. 고생을 견디고 이겨내는 일의 반복은 순례자를 강하게 만든다. 작은 만남, 사소한 선의와 선행도 벅찬 감동과 감사함으로 다가온다. 이윽고 일상의 감사도 말과 행동의 습관에서 비롯됨을 깨닫는다. 우리는 더 행복한 무언가를 특별히 찾을 필요가 없었다. 매 순간 행복과 즐거움이 곁에 있었다.

갈리시아 지역에 들어서자 날씨는 시간이 다르게 변해갔다. 파랗게 맑던 하늘에 갑자기 비구름이 몰려와 세차게 비를 내리고, 하늘은 두꺼운 구름 띠가 한가득 자리를 메웠다. 하늘 위를 휘 감싸는 구름은 마치 높은 파도와 같이 느껴졌다.

오래전 조선 선비가 이 길을 걸었다면, 순례자의 긴 끄트머리의 갈리시아를 마음에 들어 했을 것 같다. 여름에 시작해 가을로 접어든 날씨이며, 스페인의 동쪽 끝에서 시작해 서쪽 끝까지 온 길이다.

혼자이면서도 모두가 함께하는 길, 일렬로 걸으며 몇 시간이고 수다를 떨면서 걷는 날이 있는가 하면, 오늘처럼 대낮에도 어둡고 우울한 날엔 각자 사색의 시간을 보내며 걷기도 한다.

조선 선비 세계를 가다

갈리시아를 걷는 날에는 나 역시 고독의 길을 느껴보는 것이 어떨까 생각했다. 일행들과 멀찌감치 떨어져 비를 맞으며 걸었다. 비바람에 가을 나뭇잎 떨어진 거친 산들을 걸어서 넘었다. 그러다 뒤로 돌아 걷고 있는 친구들을 하나하나 바라보며 외쳤다.

"이제 정말 얼마 안 남았다!"

순례자의 길 내내 한 번도 깎지 않은 수염을 쓰다듬어 보았다.
이틀이면 끝날 이길이 아쉽게만 느껴졌다.

산티아고 데 콤포스텔라

산티아고 데 콤포스텔라 도착은 평범했다.

30일, 약 800킬로미터의 거리.

배낭 하나 둘러메고 까마득한 길을 걸어왔다.

누군가는 환호하고, 누군가는 눈물을 흘리고

그것이 도착하여서 할 수 있는 전부였다

여기까지 두 발로 걸어 왔을 뿐이기에

조용히 '수고했어'라는 말 한마디 건넨다.

대성당 앞에서 완주를 기념하는 사진 한 장과

조용히 느껴보는 마음속에서의 환희,

순례 길에서의 깨달음이 만들어낸 기쁨의 방식이다.

K, Y, S, G 네 친구와 함께 걸어온 길은 너무나 즐거웠다. 흔히들 기대하는 순례자의 길과 다른 길이었다.

그냥 걷고, 돈을 아껴 바게트 한쪽을 나눠 먹고, 아낀 돈으로 파스타와 퓨레 소스를 사다 저녁을 지어 먹고, 와인 한 잔을 걸치면 하루가 다 지나갔다. 이게 뭐 하는 짓인가도 싶었지만, 그래서 더욱 좋았던 것 같다.

각자의 유년 시절부터 청년이 된 지금까지 이야기 그리고 서로 갖고 있던 꿈과 앞으로 기대하는 미래, 믿기지 않는 경험담과 특이한 취향, 하다못해 지나간 추억의 영화, 만화, 음악 얘기도 시간 가는 줄 모르게 수다를 떨었었다.

순례자의 길에서 순례자로서 동행을 했던 시간 자체가 내가 느끼고 얻은 전부

BODEGAS IRACHE
DESDE 1891

라 말하고 싶다. 하나의 목표를 바라보았던 우리의 동행, 같은 행복을 꿈꾸는 사람들과 함께했던 순간들! 세상 무엇도 부럽지 않았던 시간이었다. 긴 여행의 길을 함께 걷고 헤쳐 나갔음을 훗날 돌이켜 보고 싶다.

언젠가 다시 함께 여행할 날들을 기대하며 꿈꾸며 살자!

런던의 내셔널 갤러리, 무료입장이라 발을 들인 그곳에서 한 공간에 마음과 시간을 빼앗겼다. 그림 하나를 접한 순간 관람을 위해 의자에 앉게 되었고, 한참을 멍하니 바라보았다. 조르주 쇠라의 '아스니에르에서 물놀이하는 사람들'이라는 작품 앞이었다.

집 떠나 긴 여행을 하는 나, 그림은 나를 보듬어주었다.
'많이 지쳤지? 그래 여기 좀 쉬다가 가.'

그림은 나에게 위로와 위안을 건넸다. 미술이 사람에게 주는 위로와 위안이란, 처음 느껴보는 종류의 감동이었다. 나는 그림 앞을 쉽게 떠날 수 없었고, 그 시간은 나의 여정에 잊을 수 없는 순간을 만들어 주었다.

남들이 가지 않는 길을 가는 사람들이 있다.

여러 개의 갈림길 또는 두 가지 갈림길 중 굳이 어려운 길을 선택한다.

브라이튼 세븐시스터즈의 해안에서 어려운 선택을 하고 걷게 되었다.

절벽 위 눈 앞에 펼쳐진 영국 해협은 짙은 안개로 수평선은 사라져 보이지 않

았다.

저만치 물이 빠져 드러난 바닥의 끝이 어디까지 이어져 있는지 알 수 없었다.

절벽 아래로 내려가니 오래 전 무너져 내린 석회 절벽의 작은 파편들이

바다의 힘으로 부드러운 몽돌의 형상을 하고 있었다.

아이보리 석회석 위로는 썰물 때

물 빠진 자리에 남겨진 초록 해초들이 엉켜 있었다.

깎아지른 듯한 절벽 아래에

다른 행성에 온 것 같은 느낌의 길이 숨어있었다니.

남들이 가지 않는 길에서 나름의 운치와 풍광을 찾아 즐겼다.

나만이 알고 선택한 길이기에 더욱더 특별해 보이고, 애착이 간다.

아침 9시에 맞춰 놓은 알람 소리가 계속 울렸다. 이불 속에서 뒤척이다 번뜩 생각나는 일이 있어 급하게 세수를 하고 옷을 챙겨 입은 뒤 버스정류장으로 뛰쳐나갔다. 11월 맨체스터의 아침 공기는 벌써 차가웠다. 추위를 느낄 만큼 오랜 시간을 기다렸다.

예상보다 늦게 출발해 마음이 급했는데, 버스는 기다려도 오지 않는다. 30여 분 기다린 뒤 버스에 탑승했다. 어제 위치를 파악해 둔 맨체스터 유나이티드 트레이닝 센터로 향하는 시내버스였다. 메모해 놓은 정류장에 하차하여 현지 사람들에게 물어 발걸음을 재촉하였다. 또 한참을 걸어 들어가야 트레이닝 센터가 나왔다. 이미 정오가 가까워 버린 시간이다.

조선 선비 세계를 가다

"누구 만나러 왔어?"

트레이닝 센터로 들어가는 긴 도로 앞에서 누군가의 말소리가 들렸다. 맨체스터 유나이티드 관련 기념 제품을 판매하는 한 잡상인이 걸어가는 나에게 묻는 말이었다.

"지성 팍 만나러 가고 있어."
"지성 팍?! 늦었어, 오늘 이미 떠났어. 오전에 훈련하고 일찍 돌아가더라고!"

잡상인들은 매일같이 그곳에 나와 있어 차만 봐도 누가 출퇴근하는지 다 안다고 하였다. 이제 와 아쉬워한들 무슨 소용이 있겠느냐만, 혹시나 하는 마음에 트레이닝 센터 앞에서 일말의 희망을 품고 기다려 보았다.

이날 긱스와 웰백 만을 볼 수 있었다. 어젯밤 알람까지 맞춰가며 꿈에 부풀어 상상했던 박지성을 만나는 모습은 완전히 산산이 조각나버렸다. 박지성을 만나러 온 이곳에서 찾은 지극히 평범한 인생의 진리, 인생은 정말 타이밍이다.

아이슬란드의 레이캬비크까지

구글 지도를 보며 여행을 시작했던 케이프타운의 희망봉을 클릭하니 '-34도'라고 나온다. 그리고 지금 서 있는 레이캬비크를 클릭하니 64도라고 한다. 지난 8개월은 이렇게 남위 34도부터 북위 64도까지 지속해온 여행이었다. 지도를 보며 생각해보니 '세계 일주라는 정말 큰 여행을 하고 있구나'라고 새삼 뿌듯하게 느꼈다.

대여섯 살 무렵의 어릴 적 기억이 났다. 동네 시장의 한 옷 가게에서 꼭 붙잡고 다니던 엄마 손을 놓쳐버리고 당황한 상태로 멍하니 서 있던 내 모습이 생각났다. 엄마가 아닌 이리저리 오가는 다른 사람들의 치맛자락 높이가 기억이 남는 시선이었으니, 그 잔상을 지금 다시 떠올려 봐도 어찌할 바를 모르는 느낌이

다. 고개를 들어보니 잠시 후 나타난 엄마는 다시금 내 손을 잡고 시장을 함께 걸었지만, 잠깐의 시간이 어린 나에겐 너무나 낯선 두려움으로 기억된다. 그렇게 집 밖을 나서는 것 자체가 모험이던 시절이 있었다.

어느새 나는 집 나오기를 밥 먹듯이 하고, 이제는 발음조차 낯선 아이슬란드의 레이캬비크라는 도시에 와있었다.

오로라 대신 눈보라

폭설이 내려 온 나라가 하얗게 뒤덮인 아이슬란드. 레이캬비크를 떠나 조금 더 북쪽의 스티키스홀마르 Stykkisholmur로 갔다. 눈이 많이 와있어 더 북쪽으로 가는 길은 모두 막혔다. 레이캬비크에서 사흘을 기다려도 오로라가 나타나지 않자 마음이 급해진 나는 갈 수 있는 최대한 북쪽으로 올라갔다. 좀 더 북쪽으로 가면 가능성이 높지 않을까 하는 단순한 발상이었다.

시골 도시에서도 최대한 빛이 없는 곳을 찾았다. 바닷가 쪽으로 아주 작은 등대 하나만 서있는 봉우리가 있었다. 눈 덮인 오솔길을 헤치고 올라가니, 벤치가 하나 있어 자리를 잡았다. 가지고 있는 옷을 최대한 껴입고 여기서 밤을 새우기로 했다. 밤 열두 시에 기온은 아마 영하 10도는 되지 않았을까. 추운 날씨에 대비하기 위해 옷을 다 껴입다 부족해 침낭을 입고, 하체는 배낭 안까지 넣었다.

"하늘에서 빛나는 거 보는 사람 있으면 말해라."

대화를 끝으로 말없이 오로라가 나타나길 기다렸다. 시간이 얼마나 흘렀는지 모르겠다. 나타날 기미도 보이지 않는 오로라를 찾아보려 고개를 들고 있기도 힘든 시간이 왔다. 아무리 추워도 잠은 오게 마련이었다. 두 눈의 눈꺼풀이 무거워져 더 이상 버틸 수 없었고, 어느 순간 그대로 잠이 들어 버렸다.

잠깐 졸았구나 싶을 만큼 짧은 시간, 눈을 떠보니 맞은편 자리에 앉아있던 Y의 모습에 깜짝 놀랐다. 등산용 재킷과 후드 티 모자를 이중으로 뒤집어쓰고 팔짱을 낀 채 웅크려 잠든 Y 위에 하얀 눈이 쌓여있었다. 바다 너머에서 불어오는 눈보라가 내 앞에도 세차게 불어왔다. 몸 위에 하얗게 눈이 쌓이고 있었다. 이게 말로만 듣던 블리자드인가? 나도 약간의 의식은 있었지만, 도저히 침낭 밖으로 팔과 다리를 뺄 정신은 없었다. 잠깐 졸았구나 싶었던 시간이 무려 5시간이나 지났다.

정신을 차리고 모든 짐을 챙겨 마을로 내려와 한 시간 정도를 기다리니 버스 정류장 앞 슈퍼마켓이 문을 열었다. 몸을 녹일 겸 그곳에 파는 따듯한 커피 한 잔을 마시며 오로라 보다 눈보라에 갇힐 뻔한 아찔했던 일을 그제야 남 일처럼 얘기했다.

"여기까지 와서 눈보라만 경험하고 오로라도 못 보고 떠나네."
이번에 못 봤다고 크게 아쉬워할 필요 없어. 못다 한 곳에 남겨질 여행의 여지들이 나를 다시 이곳에 오게 할 거야!

앞으로도 지금처럼 여행하는 삶이다。

여행의 여백

여행의 여백

나이아가라 폭포에서 갈매기 한 마리가 내 카메라 렌즈를 쳐다봤다. 갈매기는 바다에만 사는 줄 알았는데 이 녀석은 어떻게 여기까지 왔을까. 이곳에서 태어난 것인지, 먼 곳에서 날아와 잠시 머무는 것인지 알 수 없었다.

갈매기는 왜 이곳에 와있을까. 내 여행의 시작과 끝에도 이런 질문이 따른다.

'나는 왜 여행을 하는가?'
'나는 왜 이곳에 와 있을까?'

여태껏 그랬듯이 확실한 답을 알 수 없었다. 아마도 여행이 끝날 때까지 답을

찾지 못할지도 모르겠다. 아메리카 대륙을 남북 방향으로 가로지른 뒤 갈매기
가 날아왔던 것보다 먼 길을 마치고도 다시 또 스스로 질문하고 있을 것이다.

'나는 왜 여행을 하는가?'
'나는 왜 이곳에 와 있을까?'

그 물음의 답을 조금이나마 찾고 돌아갈 수 있기를 바란다.

크리스마스를 3주 앞둔 날 날씨는 춥지만, 도시의 기운 만큼은 가장 핫한 뉴욕의 12월이다. 나는 오랜 여행에 휘어버린 갓을 고쳐 쓰고 하얀 도포 자락을 휘날리며, 조선 선비의 모습으로 이른 아침부터 맨해튼의 도심을 활보했다. 찬 바닷바람도 마다하지 않고 얇은 두루마기에 목도리 하나 두른 채 허드슨만을 유람한다.

자유의 여신상을 보자 내가 뉴욕에 온 것이 실감이 나서 고개를 살짝 끄덕였다. 바쁜 일상의 뉴욕 시민이 갖는 점심시간, 나는 길거리 한쪽 파키스탄 상인에게서 핫도그를 사서 눈에 띄지 않는 매디슨 스퀘어 가든 구석에서 늦은 점심을 해결했다.

해 질 녘 오후 걸음을 옮겨 5번가의 명품 가게를 둘러보다가 쇼윈도의 마네킹과 겹쳐 보이는 나의 새하얀 의상에 만족했다. '양반은 얼어 죽어도 곁불을 쬐지 않는다'는 말처럼 뉴욕의 하루를 조선의 사대부처럼 쏘다녔다.

네온사인이 내려앉은 타임스퀘어의 늦은 밤거리, 뉴욕에서의 마지막 뚜벅이 나이트 삶을 즐긴다. 여행하다 보면 아무리 궁하더라도 지켜야 할 것들이 있었다. 그래서 오늘 하루는 유난히 피곤한 날이었다.

TIMES SQUARE
VET
CLEARANCE SA
UP TO 30% — 70%
Allianz

인터넷 한 커뮤니티에 종종 세계 일주 이야기를 올려 왔는데 답글의 반응이 뜨거웠다. 전 세계의 커뮤니티 이용자들이 자기가 사는 곳에 오면 어떤 식의 호의를 베풀겠노라고 약속을 적어두었다.

그중 앞으로 여행길에 겹치는 도시가 토론토였다. 토론토에 사는 한 청년이 남긴 답 글이 있었는데 '콩가'라는 아이디의 한국인이 맛있는 음식을 대접하겠다고 이메일 주소를 남겼다. 이메일 연락을 주고받고 우리는 토론토의 한 식당가에서 만나기로 했다.

뜻밖의 만남을 위한 약속이 신기하면서도 뭔가 어색한 느낌도 들었다. 반신반의하면서 약속장소에 나가 기다렸는데 약속 시각이 되자 '콩가'가 나타났다.

활짝 미소를 띠며 다가와 악수로 인사를 청했다. 콩가가 미리 식사를 계획한 베트남 쌀국수집으로 이동하며 통성명을 나눴다. '콩가'는 토론토 대학에서 대학원과정을 다니고 있는 학생이었다.

만남은 어색할 틈도 없이 여행 이야기로 금세 친구가 되었다. 세계 일주 이야기에 격한 반응을 보이며 반겨준 것에 신기하였고, 커뮤니티 댓글로 시작한 인연이란 것도 흥미로운 만남이었다. 많은 만남과 헤어짐이 있는 여행이지만 '콩가'와의 만남은 과정 자체가 특별했다. 온라인으로 약속을 잡고 세계를 떠도는 여행자를 아무런 대가 없이 맞이해 준 것이기 때문이다. 이 친구의 열린 마음이 장기 여행자에게는 감사하고 대단하게 느껴졌다. 더군다나 학생 신분으로 금전적 여유가 없을텐데 성의껏 대접해준 베트남 쌀국수의 맛은 더욱 잊을 수가 없었다.

세상이 좋아졌어도 연고도 없는 곳에서 감사한 인연을 만나게 될 줄은 몰랐다. 여행 중 세계 어느 곳에선가 뜻밖의 호의를 받는 것은 배낭여행자만이 가질 수 있는 특별한 경험이다.

여독이 쌓일 대로 쌓였는데 페이스북 메시지를 통해 미국에 사는 친구 J에게서 반가운 소식이 왔다. 자기가 공부하며 일하고 있는 컬럼비아 시티의 미주리 대학교 기숙사에 꽤 긴 시간 방을 내어줄 수 있는 곳이 있다는 것이었다. 학생들의 방학 시기가 잘 맞아 떨어져 가능한 일이었다.

산티아고 순례길을 걸었던 여행 이후 나는 급격히 지쳐서 다른 무엇보다 체력의 충전이 매우 더뎠다. 시간을 갖고 편하게 휴식을 취하며 충전할 시간과 장소가 필요했다. 카우치 서핑은 돈이 들지 않지만, 어느 정도 주인과의 소통이나 함께 하는 시간이 암묵적으로 요구되었기에 마음이 편치 않았고, 비싼 돈을 주고 호텔에서 며칠씩 머물기엔 주머니 사정이 넉넉지 않았다.

그레이하운드 버스를 타고 열 몇 시간을 달려 도착한 컬럼비아 시티에서 마중

조선 선비 세계를 기다

까지 나와준 친구를 만났다. 나를 위한 기숙사를 마련했다고 하여 기쁘고도 고마웠다. 기숙사는 셋이 편하게 머물고 잘 만큼 여유롭게 방 2개가 딸린 구조의 공간이었다. 공간이 편한 만큼 우리는 금세 이곳에서의 생활을 익숙하게 만들어갔다. 아침에는 간단한 빵, 과일, 시리얼 등을 먹고 오후에는 친구가 사는 기숙사로 넘어가 같이 한국식으로 밥을 만들어 먹었다. 오래 못 본 한국의 TV 예능 프로그램을 내려받아 보거나, 해지기 전부터 소주를 사다가 한식과 함께 먹기도 하였다. 약간의 영상 편집으로 나름대로 노동의 시간을 보냈지만, 그렇다 하더라도 긴 여행 중 오랜만에 만난 긍정적인 휴식 시간이었다. 그렇게 약 2주간은 정말 여행에 관한 아무런 생각도 하지 않고 휴식을 취할 수 있었다.

학창시절 알고 지낸 친구가 이렇게 물심양면으로 우리의 여행을 도와줄 줄은 몰랐다. 도움을 준 것에 대하여 떠나는 날까지 감사하였다. 타지에서 나를 이렇게까지 챙겨줄 수 있는 사람이 있다는 것이 새삼 뜻깊게 고마웠다.

지난 여행 기간 동안 친구이건 처음 만난 사람이건 낯선 타국에서 기대하지 않았던 도움을 주었던 많은 인연이 뇌리에 스쳤다. '조선 선비 세계로 가다' 영상 제작으로 남극에 가기 위한 스폰서를 받을 요량이었지만, 사실 이미 너무나 많은 사람에게 대기업 스폰서보다 더 크고 다양한 도움들을 받고 있었다.

지금도 어디선가 세계를 떠도는 여행자들은 누군가의 극진한 도움을 받고 있을지도 모를 일이다. 세계 일주는 낯선 이들의 친절이 유일한 재산이 되어가는 시간이다. 아마 나의 남은 인생을 모든 사람들에게 받은 감사함의 빚을 갚는다고 생각하고 산다면, 나는 항상 지금보다 더 나은 사람이 되어있을 것이다.

K사에서 최종적인 이메일 연락이 왔다. 최근 국내외적 상황이 좋지 않아 검토 중이던 스폰서 내용을 모두 철회해야만 한다는 메일이었다. K사는 그나마 나의 남극행 지원에 대해 긍정적 내용의 메일을 주고받은 유일한 희망이었다. 남극을 가게 된다면, 정말 갈 수 있게 된다면, 유일한 방법이 되었을 희망이 사라진 순간이다. '남극' 세계 일주의 마지막에 이루려 했던 중요한 목적 하나를 잃게 된 것이다. 이메일 한 통에 며칠간 실의에 빠진 기분으로 시간을 보냈다.

갑작스러운 좌절이었다. 난데없이 찾아온 좌절은 지금껏 겪어온 수백, 수천 가지의 잘 해냈던 일들을 잠시 잊게 만들어 버렸다. 어떠한 대안도 생각나지 않았기에, 다시 여행 자체에만 집중해 보기로 하였다. 하나가 잘못되었다고 계속해서 낙담하는 데에 시간을 보낼 수는 없었다. 이전에 잘 해왔던 것들을 기억하며 앞으로도 잘 해낼 것이라 믿고 끝까지 희망을 품어야 했다.

FIRE
LANE
STOP

호스텔에서 싸움이 났다. 오늘 저녁과 다음 날 아침에 먹을 파스타를 Y가 한 끼 먹는 식사에 다 사용해 버렸다. K는 이것이 못마땅해 식사를 멈추고 방으로 들어가 버렸다. 누군가의 넉넉한 인심이 누군가에겐 낭비가 되었다.

여행에서 친구와 다툼의 시작은 대개 아주 사소하다. 치고받는 싸움이 아니라 다른 생각에 의한 사소한 감정 다툼이었다. 아무리 잘 뭉쳐도 각자의 생각이 다를 수밖에 없다. 한 몸, 한마음이 아닌 이상 그것은 당연하다.

파스타 요리에 양 조절을 잘못해 남자 둘이 싸웠다는 이야기를 들어본 적 있는가. 다툰 후 몇 시간 뒤 다시 돌아보면 싸움의 장본인들도 헛웃음만 나올 것이다. 그렇게 조금씩 이해함으로 함께 선택하고 결정하는 방법을 배운다.

화려하고 값비싼 리조트가 즐비한 칸쿤에서 200km 정도 떨어진 곳에는 한때 유카탄반도를 자신들의 영역으로 삼고 번창했던 마야문명의 신비한 유적지가 있다. 마야인들의 도시였던 치첸이샤 그리고 피라미드인 엘 카스티요다.

칸쿤과 치첸이샤는 풍경이 너무나 이질적이어서 썩 마음에 와닿지 않는 여행지다. 집에서 TV로 내셔널지오그래픽 다큐멘터리 정도로 접했으면 그 신비감과 호기심이 더했을지 모르겠다. 게다가 간만에 투어를 신청하여 가이드와 함께한 당일 여행이었는데, 뜨거운 날씨와 알아듣기도 힘든 라티노 발음의 영어가 그나마 남아있던 유적지에 대한 감상을 방해하였다.

시간이 흐르자 감상은 포기하고 그냥 눈앞에 보이는 멋진 엘 카스티요 피라미드 하나를 사진으로 남기기에 집중하였다. 여행이 끝나면 일상에 묻혀 잊힐 이야기보다, 철모르는 우리에겐 때때로 셔터에 눌려 남겨지는 사진 한 장이 더 오래도록 남을 수 있다.

"뭐라고 말하지…?"

"형 빨리 시작해!"

"아, 지금 녹화 되고 있어? 너무 고민되는데."

12월 31일, 아바나의 말레꼰 방파제 위, 한 해의 마지막 해가 저물어 가고 있었다. 카리브해의 석양을 바라보며, 왠지 모를 고독함에 잠겨 있을 때였다. '결국, 한 해를 넘기면서까지 여행을 하고 있구나'라고 혼잣말을 하며 깊은 생각에 잠겼다. 고요한 내 생각의 정적을 깨며 새해 인사 한마디를 영상으로 남기자고 K는 캠코더를 들었다. 그것도 색다르게 각자 미래의 자신에게 쓰는 영상 편지를 써보자 했다. 평소 같았으면 겸연쩍게 웃으며 거부했을 것인데, 새해가 주는 특별한 분위기에 순서를 정해 영상을 담기로 한 것이다.

"고민 그만하고 빨리해봐!"

"음…그래! 그럼 시작한다. ¡Feliz Año Nuevo!…"

힌침을 뜸 들이다가 얼마 전 배운 스페인 말로 '해피 뉴 이얼' 새해 인사로 영
상 편지를 시작했다. 어색하게 카메라를 마주하며 시작한 내 영상 편지는 5분
을 넘겼고, 상상 속 미래의 내 모습을 그리고 점점 더 몰입하며 한 마디 한 마
디를 정성스럽게 남겼다.

"영상을 다시 볼 때쯤 어디서 누구와 무엇을 하고 어떻게 살고 있던 난 항상 널

응원할게!"

마지막으로 언젠가 영상을 돌려볼 미래의 나에게 응원 한 마디를 남기면서 나
에게 쓰는 편지를 마쳤다.

미지막 석양을 바라보고 혼잣말을 하며 깊은 생각에 잠겼던 나는, 그때도 미래
의 내 모습을 상상하며 그리고 있었는지 모르겠다. 나에게 보내는 응원이 미래
의 내게 맞닿아, 웃으며 영상 편지를 감상할 먼 훗날의 미래를 말이다.

생각이 많아지는 날이 있다. 바닷가와 공원에 나와 담소를 나누는 사람들의 표정을 보고 있노라면 금세 하루가 지난다. 새해가 밝고 며칠이 지난 어느 날 문득 옛 생각에 잠겼다. 20대를 시작하던 그 시절의 생각 들이다.

스무 살 무렵, 어느 작은 월간 산문집이었던가 손석희 아나운서의 〈지각인생〉이라는 짧은 에세이를 읽은 적이 있다. 에세이의 첫 문장은 이렇게 시작한다. '나는 지각 인생을 살고 있다.' 처음 이 한 줄의 글을 읽을 당시 얼마나 진솔하고 담백한 자기 고백으로 느껴졌는지 모르겠다.

대학에 가기 위해 나는 재수를 했었다. 유년기부터 수년간 붙어 지낸 동네 친구들보다 1년을 늦게 대학에 들어갔다. 대학 졸업반 시기를 보내며 취업 준비

를 하거나, 이미 사회초년생 딱지를 붙였어야 할 나이에 지금 나는 세계 일주를 하고 있다.

막 성인이 되었을 20대 초반 또래들과 1, 2년의 괴리는 심리적으로 매우 큰 차이로 느껴졌다. 그런 내가 이렇게 여행을 하면서도 마음을 편하게 먹은 데는 〈지각 인생〉의 글귀가 짧지만 큰 감명을 주었기 때문이다. 모든 것이 다 늦었다고 생각한 그때, 비로소 천천히 나에게 맞는 인생의 속도를 깨닫고, 남보다 덜 고민하고, 덜 걱정하며 살 수 있었다.

〈지각 인생〉의 마지막 문장은 이렇게 끝이 난다. '지각 인생도 자기가 어떻게 살아가느냐에 따라 때론 멋진 인생이 될 수 있다.'

쿠바를 여행하는 가장 큰 이유가 현재와는 동떨어진 옛 풍경이다. 많은 사람들이 과거의 도시를 걷고 싶기 때문일 것이다.

쿠바가 변화하고 있음에도, 그 진행 중 한 시점이라도 느끼고 싶었다. 여러 풍경에서 아바나의 낭만은 시공간을 초월한다
수십 년간 변하지 않은 건물과 거리의 모습이 그렇고, 50년대 미국에서 건너온 거친 엔진의 올드 카가 그렇다.

눈과 손이 닿고, 발길이 닿는 곳곳에 현재의 삶과 오래된 골목의 낭만이 묻어나 있다. 그리고 어딜 가든 흘러넘치는 쿠반 음악엔 낭만과 열정이 가득하다.

아바나, 누구와 여행하더라도 사랑에 빠질 것만 같은 도시다.

지도 위에 한 번에 선을 그어 여행의 발자취를 이어볼 수 있으면 좋겠지만
중미에 내려오니 남미까지 건너뛰어야 하는 부분이 많았다.
칸쿤에서 아바나로, 아바나에서 코스타리카로 이어지는 항공이동이 많아서
그 사이 중미의 작은 나라들을 모두 건너뛰게 되었다.

선 하나로 내 여행의 궤적을 긋는 것이 무슨 의미가 있으랴
지나온 궤적의 여백을 중미 한가운데 덩그러니 비워두고
다음 시작점 산 호세에서 펜을 콕 찍어 다시 쭉 선을 긋는다.
하고 싶은 일을 완성하려면 조금의 여백도 때론 필요한 법이다.

훗날 세계 지도를 훑어보며 중미를 바라볼 때

여행의 여백이 지도 위에 남겨진 만큼

'아, 그 어릴 적 나는 그런 여행을 했던 사람이었지.'라고 되새기며

새로운 길에 대한 갈증을 다시 찾을 것이다.

요트를 타고 카리브해를 건너는 데 바다에 대해 동경과 감동, 말할 수 없을 만큼의 자연에 대한 경외심을 느끼게 되었다. 아무것도 없는 망망대해를 작은 요트로 건너는 모험은 가슴 벅차기보단 두려움에 가까운 감동이었다. 이틀을 이동하여 도착한 산 블라스 제도에는 여러 작고 예쁜 무인도들이 있었다. 이런 청정 여행지가 세상에 또 있을까. 아니 이곳은 여행지라고도 불릴 수 없을 것 같다. 아무도 이곳을 찾아 여행하러 오는 사람이 없어 보이니 말이다.

요트를 바다 한가운데 정박한 후 요트 위에 실린 모터보트를 내려 각 섬에 상륙해 반나절씩 시간을 보낼 수 있었다. 주어지는 것은 오리발과 물안경뿐. 스노클링을 하며 해가 질 때까지 유유자적 시간을 보내는 것이 할 수 있는 일의 전부였다.

산 블라스의 바다는 TV로 접했던 어느 휴양지보다 파랗고 맑고 아름다웠다.
놀다 지치면 무인도 야자수 그늘에 누워 아무 생각 없이 낮잠을 즐겼다. 산 블
라스에서의 시간은 미지의 세계를 발견한 탐험가처럼 설렘과 감동이 샘솟는
특별한 경험이었다.

Bienvenidos '환영한다'는 의미의 적절한 문구를 확인하며 오늘도 국경을 넘는
다. 새로이 발을 디딘 몇십 몇 번째 국가명 팻말을 보고, 금세 잊힐지 모를 내
가 찾아갈 도시의 이름을 혼잣말로 왼다.

하늘이 아닌 육로로 이동하며 남미를 여행하는 일은 쉬운 일이 아니었다. 60시
간 동안 버스를 타고 이동한 적도 있고, 호스텔 주소 메모하나 들고 찾아다니
다 날밤을 지새운 적도 있고, 값싼 음식만 찾아 먹고 다니다가 이유도 모른 채
배를 앓은 적도 있고, 국경의 버스에서 잠깐 잠든 사이 좀도둑이 가방을 통째
로 들고 사라진 적도 있다.

힘든 상황에서도 다시 한번 앞으로의 일정을 짚어본다. 쿠스코, 마추픽추, 우유

Las Auténticas
Empanadas de morocho N°2

니, 부에노스아이레스, 이구아수…. 중얼중얼 그 단어만 되뇌어도 흥분되는 이름들이다.

남미의 여정이 이렇게 고생스러우면서도 아름다운 기억이 될 수 있는 것은 여행의 피로함마저도 추억이 될 만큼, 어느 날 갑자기 만나게 될 도시와 자연이 선사할 여행의 판타지 덕분이 아닐까.

세월에 따라 변하는 계절에도 나는 한낱 지나가는 손님일 뿐인데 잊지 못할 오늘을 선물해 주니 인생에 꼭 한번 아니올 수 없는 곳이다.

처음 도착한 도시의 풍경은 낯선 누군가와의 첫인사처럼 어색하다. 낯선 도시를 알아가는 데에는 처음 만난 사람과의 관계처럼 시간이 필요했다. 걸어서 골목골목을 여행하고 시장을 둘러보고, 교회를 찾아 들어가거나, 높은 언덕을 찾아 도시 뒤로 해가 지는 풍경을 보다 보면 어느새 친숙해진 도시의 표정을 느낄 수 있다. 도시를 알아가는 것에는 길을 잃고 헤매는 것만큼 좋은 방법이 없다. 길을 잃는다 함은 내가 가려는 길을 모르는 상황이 아니라, 방향이나 목적은 올바르게 두되 일정한 방법이나 규칙을 정하지 않고 다녀본다는 것이다.

해발 고도가 1500m 이상인 메데진에서 높은 언덕의 골목골목을 돌아다니다 보면 도시를 내려다볼 수 있는 광장 같이 열린 장소들이 있다. 그곳에서 내려

조선 선비 세계를 가나

다보면 도시를 둘러싼 산과 구름, 그 아래로 내려앉은 어두운 도시 속에 가로등들이 별처럼 내려앉아 메데진을 비추고 있다.

조용히 풍경을 바라보고 있노라면, 혼자만의 생각에 잠긴다. 살랑살랑 불어오는 바람을 느끼고, 지는 해에 따라 달라지는 하늘의 표정을 바라본다. 도시 전체가 나를 향해 미소를 지어주는 것 같다. 잘 알려진 유명한 상징이 되는 장소나, 특별한 볼거리 하나 없지만, 편안한 휴식처가 되어 줄 것만 같은 곳이다. 메데진은 나에게 그런 도시가 되었다.

도시를 돌아다니면 이곳을 살아가는 사람들보다 구석구석을 다닐 때가 있다. 잠시 머물며 지나가는 여행자에 불과하지만, 어느새 도시에 인격을 부여하고 그와 친해지기 시작한다. 다시 도시를 떠날 때가 되면 서운한 마음에 아쉬움이 그지없다. 떠나는 날 버스에서 창밖을 지긋이 바라보는 두 눈으로 작별 인사를 전하고, 다시 돌아올 날을 기약하기로 한다.

콜롬비아, 라 삐에드라 델 뻬뇰 La Piedra del Peñol

'엘 뻬뇰 마을의 바위'라는 뜻이다. 마을에 도착해 크게 솟은 바위 위에 올라 아래를 내려다보았다. 이 단순한 움직임이 눈앞에 한편의 그림을 선사하는 곳 이다.

이번엔 크게 솟은 바위 위 아낌없이 펼쳐진 하늘을 바라보았다. 유독 가까워 보이는 하늘에 떠다니는 구름이 아름다운 날이다. 맑은 하늘에 떠다니는 저마 다 다른 개성의 구름, 이들 중 어느 것이 더 좋다 쉽게 말할 수 있을까

예전에는 산을 가고 싶었던 적이 거의 없었다. 걷는 것을 싫어하지는 않았지만, 취미처럼 즐기지도 않았다. 시간을 할애하여 등산한다는 것은 생각해 본 적이 없다.

세계 일주를 하면서는 겪은 가장 큰 변화의 한 가지는 걷는 것이 일상화되고, 여행을 즐기는 최선의 수단이자 목적이 된 것이다. 걷는 것 이외의 다른 것들은 필요할 때도 있지만, 없어도 되는 것들이 대부분이었다. 단지 여행을 다양하게 즐기려는 하나의 도구 정도에 지나지 않았다.

이렇게 걷는 것에 대한 마음이 열리고 흥미를 느끼다 보니, 관심이 가고 눈에 들어오는 글씨가 하나 있었다. 웬만한 자연경관에는 Trekking 트레킹을 할 수 있는 길이 다 있었다. 그리고 나는 세계 일주를 하면서 킬리만자로 등반, 산티

아고 순례길 등 트레킹 여행을 이미 꽤 즐기고 있었던 것이다. 멋모르고 처음 도전했던 트레킹이 킬리만자로 등반이어서 다른 곳들은 그리 힘들지도 않았다.

이런 변화는 여행하면서 점진적으로 나를 바꾸고 있었고, 트레킹에서 배운 태도와 습관은 그 외의 모든 평범한 일상의 행동에서도 수차례 긍정적 영향을 끼쳤다고 생각한다. 내게 있어 트레킹을 하는 본질적 이유는 여행의 단순한 수단이 아니라 자체로 목적이 되었다. 자유인의 달콤함을 맘껏 누릴 수 있는 자세를 배우고, 자기 뜻에 따라 독립적으로 살아가는 추진력을 얻는 방법을 깨닫게 되었다.

마
추
픽
추

3박 4일간의 트레킹 끝에 마추픽추에 도착했다. 잉카인의 공중도시라 불리는 마추픽추. 이곳은 세상에 발견된 뒤 지난 100여 년간 남미를 찾는 많은 여행자가 큰 호기심을 갖고 찾아온 곳 중 하나가 되었다.

처음에는 사라진 잉카인들이 돌을 이용해 무더기로 지은 터전과 주위를 둘러싼 드높은 산봉우리들에 시선이 갔다. 좀 더 가까이 내부로 들어가니 이곳 어딘가에 어떻게 사람이 살았을지 상상을 하며 둘러보았다. 각각의 의미와 쓰임에 맞게 지어진 건물들과 높낮이의 격차가 큰 지형을 고려하여 곳곳에 놓인 계단과 그를 이용한 수로들, 농사를 위한 넓은 터, 신을 위한 가장 높은 장소 등 내가 상상할 수 있는 대부분 기능이 갖춰진 말 그대로 '도시'의 형태를 느낄 수 있었다.

이곳에 사람들이 모여드는 이유는 눈 앞에 펼쳐진 자연이 마음에 들고 구름과 산이 멋있어서만은 아니다. 옛날 어느 시절, 안데스산맥 해발 2430m 정글 속에 도시를 짓고, 이 땅에 살아간 존재, 누군가의 정신이 발끝부터 머리와 마음까지 느껴졌기 때문일 것이다.

이제는 그들의 존재가 이곳에서 사라졌음에도 여전히 그들이 생명을 불어넣고 있는 살아있는 도시, 한곳에 자리해 선 채로, 두 눈에 보이는 모든 풍경을 허투루 담을 수 없었다.

다시 만난다는 것은

약속이라도 했던 것일까. 누가 누구를 뒤쫓기라도 했었나. 긴 여행 중 이상하
리만치 다시 마주치는 인연들이 있다.

쿠바 아바나에서 함께 했던 친구들을 두 달이 지난 뒤 볼리비아 우유니에서 다
시 만났다. 그들은 일본인이었고, 몇몇은 여행 중 일행이 된 사이였다. 우리는
아바나에서 그랬듯이 우유니에서도 숙소를 같이 쓰고, 저녁에는 맥주캔을 함
께 기울였다.

여행의 빈번한 만남과 헤어짐 속에서 또다시 넓은 지구 어딘가에서 두 번을 우
연히 마주칠 수 있다는 것, 그들과 내가 약속도 없이 이곳에서 다시 함께 있다

조선 선비 세계를 가다

는 건이 참 신기하다. 여기까지 온 그들과 나의 여행의 속도가 같았다는 것일까?

또한 여행에서의 두 번째 만남은 마지막 만남이 될 수도 있다. 만나는 순간부터 헤어질 때까지 함께 웃으며 시간을 보내는 것, 혹여 다시 만나지 못하더라도, 우리의 만남을 잊지 않겠단 의미다.

가장 가고 싶은 여행지가 어디예요? 라고 누군가 묻는다면, 단연코 우유니 소금사막이었다. 여행을 출발하기 전에도 그랬고 여행을 하면서도 그랬었다. 우유니라는 여행지는 남다르게 다가왔다. 가보지 못한 어딘가를 사진이나 영상으로 접할 때, 그곳에 대한 실물을 마주할 내 모습은 어느 정도 예상 할 수 있었다. 하지만 우유니만큼은 마주하는 순간까지도 상상력을 자극하였다.

우유니 소금사막에 가까워지면서부터 비 내린 소금사막의 비현실적 풍경이 눈에 들어왔다. 비가 내린 새하얀 소금사막은 이 세상을 비추는 거울이 되어 있었다. 말로 표현하기 어려운 아름다움이었다. 이렇게 좋은 풍경을 보면 좋아하는 사람들이 생각난다. 소금사막의 풍광이 내 마음 한구석의 감정을 툭 하고 건드리는 것만 같다. 세상을 비추는 거울은 도리어 내 마음속을 들여다보게 해주었다.

문득 한국에 있는 가족이 생각이 났다. 가족들은 가끔 내게 물었다.
"아들, 가고 싶은 여행지가 어디야?"
"남미에 있어…말해도 모를 거야. 우유니 소금사막이라고…"

함께 보았으면 얼마나 좋았을까. 좋은 곳을 함께 왔다면 얼마나 좋았을까. 내가 좀 더 어른이 되었을 때, 큰 성공을 이룬 사람이 아니더라도, 부디 좋은 순간과 세상을 더 많이 함께하며 살아야겠다.

여행에서 맞이하는 세 번째 폭포다. 그러다 보니 폭포는 상당히 의미 있는 여행지가 돼버렸다. 초반 아프리카에서의 빅토리아 폭포와 여행의 반환점을 돌아 나이아가라 폭포를 방문 했었다. 이제 두 폭포를 포함해 세계 3대 폭포 중 하나인 이구아수 폭포의 앞에 와 있다.

이구아수 폭포의 입구에는 롯데월드 입구처럼 큰 문과 입장을 위한 개찰구가 설치되어 있었다. 입구를 통과하면 길을 따라 폭포까지 이어져 있는데, 그 유역이 워낙 넓어 꼬마 기차를 타고 이동해야 했다. 폭포 가까이 가기 위해선 밀림을 따라 놓인 트레일을 걸어야 했고, 그 트레일 또한 lower와 upper 두 층으로 나뉘어 있었다. 폭포를 테마로 한 거대한 어뮤즈먼트 파크 같았다.

거대한 폭포들은 여러 줄기로 나누어져 있는데, 가까이 갈수록 몽환적인 감동을 주었다. 세차고 빠르게 떨어지는 폭포들의 큰 낙차에 의한 소리는 세상과 나를 잠시 분리한다. 폭포가 만들어낸 웅장한 물줄기를 보고 거대한 소리를 듣고 있노라면 잠시 몸의 여러 감각이 마비되는 것 같았다.

아주 오래전부터 이곳에서 폭포가 흘렀을 것을 생각해보면, 지금 보이고 들리는 것들이 한순간이 아니라 오히려 영겁의 세월을 보고 듣고 있는 것이 아니냐는 착각이 들었다. 이구아수 폭포에서 한참의 시간을 보내다 보니, 나의 작고 작음과 크나큰 자연의 경이로움을 서로 달리 느낄 뿐이었다.

부에노스아이레스에 도착하였다. 여행의 끝이 보인다.

지구를 돌고 돌아 흔히들 표현하는 지구의 반대편에 도착했다.

목표로 했던 목적지에 지리적으론 가까워 졌지만,

현실적으로는 더 멀어지고야 말았다.

통장 잔액은 집으로 돌아갈 돈이 전부였다.

남극으로 가는 뱃값엔 턱없이 부족하였다.

부에노스아이레스발 인천행 비행기를 검색한 후

모니터를 한참 쳐다보다가 '결제' 버튼을 눌렀다.

세계 일주의 마지막 티켓이다.

아쉬움이 많이 남지만, 후회는 없었다.
세계여행은 나에게 많은 것들을 주었다.
내 눈과 귀로 보고, 들어서 좋았고,
내가 알고 깨닫게 되어 행복했고,
내가 직접 경험해 더 감동했던 날들이었다.

처음 여행을 시작할 때는 생각과 삶에 변화가 없어
나 자신이 한심하게 느껴질 때도 있었지만,
여행의 끝에 다다르자 사랑하는 더 많은 것들을
스스로 깨닫고 살아가는 그런 사람이 되었다.

끝이 보이니, 이제는 다시 돌아갈 곳을 생각한다.
지구 반대편 부에노스아이레스에서
돌아갈 곳에서의 내 모습을 생각해 보았다.

트레블메이트

태국을 열흘, 일본을 열흘, 인도를 30일, 전 세계를 1년 가까이 오랫동안 여러 곳을 함께 여행했다. 친구와 여행 가면 몇 번씩은 싸운다고들 하는데, K와는 큰 싸움 한번 없이 여태껏 지내왔다.

싫을 때는 말도 섞기 싫다가도 남이 욕하면 마지못해 편을 드는 형제처럼, 피 한 방울 섞이지 않았지만, 이제는 가족이 된 느낌이다.

장소, 사람, 이야기 어디를 여행했는지, 어떤 곳을 보았는지.

누구와 여행했는지, 어떤 사람을 만나게 되었는지.

무슨 경험을 하며 여행했는지, 어떤 이야기 듣고 또 만들었는지.

여행 후에 남는 것들.

지구의 최남단 도시 우수아이아. 이곳에서는 무엇이든 '지구 최남단' '세상의 끝'이라는 수식어가 붙는다. 도시 곳곳에 Fin del Mundo라고 적혀있다. Fin은 끝, del은 ~의, Mundo는 세상이라는 스페인어다. 남극은 가지 못하게 되었지만, 우수아이아에서 여행을 끝내기로 하였다.

우수아이아에서의 시간은 일상적이었다. 숙소 근처 슈퍼에 가서 이제는 맛보기 힘들 아르헨티나 소고기와 와인을 사다가 점심부터 배를 채웠다. 오후에는 동네를 산책하고 기념품 가게에도 들러 집에 사 갈 만한 것이 있는지 구경하였다. 그러다가 해가 질 때쯤 항구에 가서 남극으로 떠날 배들을 향해 아쉬운 마음에 손이라도 흔들어 보았다.

USHUAIA
fin del mundo
Municipalidad
de Ushuaia

하루는 낮부터 항구에 나가 배들을 구경하다가 바닷가 근처에서 'USHUAIA'라고 크게 적힌 표지판을 발견하였다. 여기에도 역시나 Fin del Mundo 세상의 끝이라고 적혀 있었다.

"여기서 조선 선비 마지막 사진 한 장 남겨 볼까?"
"그래 여기가 딱 맞네!"

마지막이라니 옷고름 매는 순간까지, 갓을 쓰고 턱 끈을 매는 마지막까지 아쉬운 감회에 젖어 있었다.

"이 복장도 마지막이라니까 참 아쉽네."

조선 선비의 마지막 여행지는 우수아이아였다. 언젠가 다시 남극을 가기 위해 이곳에 오게 된다면, 이 표지판을 다시 찾을 것이다. 언제가 될지 모를 그날을 기약하며, 우리의 여행을 USHUAIA라는 메모리 카드에 저장하듯, 함께 웃으며 마지막 조선 선비의 사진을 남겨 보았다.

여행할수록
행복함을 더 알아간다.

내가 원하던 인생이
바로 이것이었나 싶다.

계획 없던 삶에
하고 싶은 일이 생겼다.
앞으로도 지금처럼
여행하는 삶이다.

세계 일주의 마지막 일정으로 티에라 델 푸에고 국립공원에 가기로 하였다. 국립공원 안에는 '세상의 끝 우체국'이 있었다. 세상의 끝에서 어디론가 편지를 써 보낼 수 있다니, 뭔가 느낌이 뭉클하지 않는가? 우체국에 도착하여 내부를 구경하던 중 자릴 지키고 있는 아저씨가 말을 걸었다. 엽서를 나눠주며 집으로 편지를 적어 보내라는 것이었다. 곧바로 엽서 한 장을 손에 들고, 자릴 잡은 후 펜을 들었다.

"엽서를 적으니까, 진짜 여행을 정리하고 끝내는 것 같다."
"그러게 아쉽네, 여기까지 왔는데."
"그거 알아? 여기서 남극까지 천 킬로미터 밖에 안 된대."

그리고 서로 말수가 줄어들더니 이내 곰곰이 생각을 정리하며 각자 글을 적기 시작했다. 나는 집으로 돌아가 있을 나에게 엽서를 적어 보았다. 여행을 끝내고 집에서 어떤 모습으로 엽서를 받아 볼지 궁금하였다.

길었던 세계 일주도 끝에 와있었다. 마치 진리를 찾아 나선 용사의 마음가짐으로 여행을 해왔었는데, 1년의 여행도 끝에 와보니, 그리 거창하지도 대단치도 않은 일이었다. 어쩌면 이 엽서 한 장에 담긴 몇 글자처럼 훗날 내 이야기 몇 자 적어 남길 인생의 한 페이지 정도에 불과한지도 모르겠다.

3년 후 1월 11일, 다시 우수아이아에 왔다. 못다 이룬 목표를 이루기 위해 USHUAIA 표지판 앞에 섰다. 그날의 기억들이 되살아났다. 그땐 친구들과 함께였지만, 아쉽게 지금은 그럴 수 없었다. 내일이면 출항이다. 우수아이아 항구에서 남극으로 향하는 배를 탄다. 간절히 원했었던 일을 이루기 얼마 앞두지 않은 시간, 설레고 떨리기 보다는 오히려 담담하였다.

1월 12일, 출항. Ocean Nova호는 60여 명의 여행자를 탑승시킨 후 기상상태를 확인하고, 우수아이아에서 출발하였다. 비글해협을 따라 남극으로 가기 전 마지막 마을 푸에르토 윌리암스를 거쳐 갔다.

1월 13일, 드레이크 해협. '케이프 혼'이라는 작은 섬을 방문하고, 곧이어 드레이크 해협에 진입했다. 악명 높은 1월의 드레이크 해협에는 높고 검은 파도가 일렁였다. 배는 양옆, 앞뒤로 수십 도로 기울기를 반복하였다. 높은 파고로 인해 몇몇 사람들은 뱃멀미를 겨우겨우 견뎌내며 드레이크 해협의 24시간을 버

뎌야 했다. 긴 날개를 펼친 앨버트로스만이 망망대해에 우리의 배를 호위하듯
함께 날고 있었다. 밤 11시, 남극의 해는 아직 지지 않고 수평선 저 끝에 희미
하게 걸려 있다. '내일이면 드디어 남극에 도착하는구나.'

1월 14일, 남극. 드레이크 해협을 넘어서자 바다는 잔잔해졌다. 갑판 위에 나가
보았지만, 여전히 망망대해다. 그런데 그때, 저 멀리서 하얀 점 하나가 나타났
다! 하얀 점과 배의 거리가 점점 가까워졌다. 그것은 우리가 탄 Ocean Nova호
몇 배 크기의 유빙이었다. 그리고 한 시간 뒤, 여행자들이 소리를 지르며 갑판
위로 나오기 시작 했다.

"Antarctica! 남극이다!" 하얗고 거대한 땅이 나타났고, 갑판 위에서 그 풍광을
바라보았다. 차갑지만 온기마저 느껴지는 잔잔한 바람에, 눈물 한줄기가 볼을
타고 살짝 흘렀다. 나는 남극에 도착했다.

조선 선비 세계를 가다

펴낸날	초판1쇄 인쇄 2017년 12월 01일
	초판1쇄 발행 2017년 12월 07일
지은이	강문규
펴낸이	최병윤
펴낸곳	알비
출판등록	2013년 7월 24일 제315-2013-000042호
주소	서울시 마포구 동교로 18길 33, 202호
전화	02-334-4045
팩스	02-334-4046
종이	일문지업
인쇄	신한프린트
제본	광우제본

ⓒ강문규

ISBN   979-11-86173-40-4   13980

가격   13,500원

이 도서의 국립중앙도서관 출판예정도서목록(CIP)은 서지정보유통지원시스템 홈페이지(http://seoji.nl.go.kr)와 국가자료공동목록시스템(http://www.nl.go.kr/kolisnet)에서 이용하실 수 있습니다.(CIP제어번호: CIP2017030676)

잘못 만들어진 책은 구입하신 서점에서 바꾸어 드립니다.
독자 여러분의 소중한 원고를 기다립니다(sbdori@naver.com).
알비는 리얼북스의 문학, 에세이, 대중예술 브랜드입니다.

1년의 세계 일주 여행 그리고 책이 나오기까지는 알게 모르게 도움을 주시고 만남 자체로 힘주신 분들이 참 많습니다. 덕분에 제 글이 세상에 나오게 되었다 생각하며, 부족하게나마 이곳을 빌려 그분들께 감사의 인사 전합니다.

프리토리아의 나성범, 서은경 집사님, 소라, 소정, 성의. 루사카의 카우치 서핑 호스트 Jinpeng. 길에서 만나 집에 초대해주신 조성호 선교사님. 릴롱궤의 조용덕 한인회장님과 KGL 가족들. 여행 초반 함께한 지민이. 킬리만자로 가이드해준 Wema, Boni. 모시에서 밥한 끼 대접해주신 최용석 선교사님. 다르에스살람에서 만난 세령이 형. 키갈리 KOICA에 계시며 집 내주신 카우치 서핑 호스트 김민수 형님. 골리에서 만난 제 삶의 스승 이호영 목사님과 그 가족 이숙이 사모님, 나라, 사라, 로라, 예라 그리고 김정윤 선교사님, 송인진 선교사님, 양향숙 사모님, Francis, Aldo, 선아, 규아, 선혜 등 골리 패밀리 모든 분. 캄팔라에서 보호자가 되어 주셨던 조장주, 김용미 집사님, 예진이. 남수단 북수단에서 도움 주셨던 김기춘 사장님, Assad, Tayeeb. 모로코 페즈 여행을 함께한 임상욱 형님. 바르셀로나 한인 민박 길 위의 집 심재위 형님과 기타리스트 세환이 형. 파리 한인 민박 파리 빌라쥬의 박 사장님 부부. 순례자의 길을 함께한 상현이, 근호, Jose, Mar, Drago. 유럽 어딘가부터 지금까지의 감사한 인연 이어온 여행자 친구들(은별이, 아영이, 보민이, 준현이, 종호, 수정이, 민영이, 지영이, 인해, 정아, 아름이, 복순이, 민정이, 호석이, 현서, 민지). 카우치 서핑 호스트가 되어준 슬로베니아의 Dusan, 맨체스터의 Emkay, 레이캬비크의 Sara, 뉴욕의 Lisa. 토론토에서 만난 새 친구 콩가와 미주리에서 기숙사를 내어준 오랜 친구 진주. 칸쿤의 크리스마스를 함께 보낸 Ozi, Fabian, Tomas. 마추픽추 잉카 트레일을 같이 걸은 남미 각지에서 여행 온 Team Extreme Yama 친구들. 각각 1년 그리고 6개월 긴 시간 세계 일주의 동료가 된 강산이와 요한이. 책 쓰기 강연에 데리고 가준 윤두리우스, 강연해주신 이임복 선생님. 초고를 집필하던 제주도의 함덕 푸른 바다 게스트 하우스와 애월읍 동행 게스트하우스. 원고 투고부터 탈고까지 모든 과정에 도움을 주신 알비 출판사의 최병윤 편집장님. 이 모든 분께 감사의 인사 전해 드립니다. 마지막으로 세계 일주 동안 매일같이 새벽기도에 나가 집 나간 아들을 위해 기도해주신 부모님께 진심으로 감사드립니다.

그리고 독자분께 세계 일주 1년의 무게를 120g짜리 책 한 권에 담았습니다. 저의 여정은 길고도 힘들었으나 이 책을 읽을 독자님은 두 손 가볍게 가져가 즐겁게 읽어주세요. 긴 여행을 준비하고 있거나, 여러 가지 이유로 떠남을 망설이는 분께는 뜨거운 열망과 용기를, 이미 여행을 겪은 뒤 여행병을 앓는 배낭여행자에겐 따뜻한 공감과 위안이 되었으면 합니다. 감사합니다.